植物检疫知识？

百题问答

全国农业技术推广服务中心组织编写

浙江科学技术出版社

图书在版编目(CIP)数据

植物检疫知识百题问答 / 全国农业技术推广服务中
心组织编写. —杭州：浙江科学技术出版社，2012.5（2015.8重印）
ISBN 978-7-5341-4516-2

Ⅰ.①植… Ⅱ.①全… Ⅲ.①植物检疫—问题
解答 Ⅳ.①S41-44

中国版本图书馆 CIP 数据核字（2012）第 101865 号

书　　名	植物检疫知识百题问答
组织编写	全国农业技术推广服务中心
出版发行	**浙江科学技术出版社**
	地址：杭州市体育场路 347 号　邮政编码：310006
	电话：0571-85164982
	E-mail：msm@zkpress.com
排　　版	杭州兴邦电子印务有限公司
印　　刷	浙江全能印务有限公司
开　　本	880×1230　1/32　　　　印　张　4
字　　数	76 000
版　　次	2012 年 5 月第 1 版　　2015 年 9 月第 7 次印刷
书　　号	ISBN 978-7-5341-4516-2　　定　价　6.00 元

责任编辑　莫沈茗　吕路明　　**责任校对**　余春亚
责任印务　田　文

前　言

　　植物检疫是通过法律、行政和技术的手段,防止检疫性有害生物人为传播,保障农业生产安全和农产品贸易安全的一项重要措施,具有很强的社会性和公益性。植物检疫工作离不开社会的支持和公众的积极参与。为营造良好的植物检疫工作氛围,我们组织编写了《植物检疫知识百题问答》一书。

　　《植物检疫知识百题问答》主要介绍了植物检疫的概念及其重要性、检疫法律法规、植物检疫基本程序、检疫国际合作、我国主要农业检疫性有害生物的危害及其防控等内容,附录部分还收录了检疫相关的法规和检疫性有害生物名单、名录等内容。本书主要针对的是农业植物检疫,为了使读者对我国植物检疫工作有全面的了解,涉及了一些林业和进出境检疫方面的内容。本书具有通俗易懂、实用性强等特点,可供植物检疫人员、农技人员、基层干部、农业生产经营者、农业院校的师生及相关人员参阅使用。

　　本书主要由王福祥、陈小龙、冯晓东、赵守歧、宁红、吴仕豪、韩世平、蔡明、龚伟荣、熊红利、刘慧、周春娜、李潇楠、秦萌、朱莉等同志编写,全国农业技术中心陈生斗主任、钟天润副主任对本书进行了审阅。

　　本书在印刷过程中得到了浙江全能印务有限公司的支持,在此表示衷心的感谢!

　　由于编者水平有限,加之编写时间仓促,纰漏和不足之处在所难免,敬请专家和读者批评指正。

编者

2012年3月

目 录

附录

1 什么是植物检疫?

答:国际上将"植物检疫"定义为:旨在防止检疫性有害生物传入和扩散或确保其官方防治的一切活动。

通俗地说,植物检疫是通过法律、行政和技术的手段,防止检疫性有害生物(有的称其为"危险性植物病、虫、草""检疫对象")的人为传播,保障农业生产安全,服务农产品贸易的一项措施。

植物检疫是人类同自然界长期斗争经验的总结,也是当今世界各国普遍实行的一项重要制度。

2 为什么要进行植物检疫?

答:植物检疫的根本目的是:防止外地的检疫性有害生物传入本地造成危害,防止本地的检疫性有害生物扩散蔓延,保护农业生产安全,服务于植物、植物产品贸易。其重要性表现在以下几方面:

第一,植物检疫是农业生产安全的保障。通过开展检疫,确保引种和调运植物、植物产品的安全,防止了检疫性有害生物的传播蔓延,保护了广大未发生区的安全;通过开展发生区的防治灭杀,有效遏制了检疫性有害生物的发生和危害。

第二,植物检疫是农产品对外贸易安全的保障。近年来,植物检疫机构与其他相关部门加强合作,不断提升我国植物检疫安全水平,确保出口农产品符合进口国家的植物检疫要求,突破了一些国家的检疫技术壁垒,确保了我国农产品的顺利出口。

第三,植物检疫是生态安全的保障。通过预防和控制检疫性有害生物的传播蔓延,避免了检疫性有害生物对未发生区植被的危害,减少了农药等的使用,对生态环境的保护有重要的作用。

3 有哪些检疫性有害生物传播扩散的例子?

答:古今中外,检疫性有害生物传播扩散的例子很多。

(1) 马铃薯晚疫病。19 世纪 30 年代,欧洲从美洲引种马铃薯时传入马铃薯晚疫病。到 1845 年,此病在爱尔兰大爆发,使当地的马铃薯几乎绝产,造成了历史上著名的爱尔兰饥荒。当时仅 800 万人口的爱尔兰死于饥荒者达 20 万人,外出逃荒者达 200 万人。

(2) 甘薯黑斑病。该病于 1890 年首先在美国发现,1919 年至 1921 年传入日本,1937 年随日军军粮传入我国,现已遍及我国甘薯产区,估计每年造成甘薯损失 50 亿千克。

牲畜食用病薯后会引起中毒,甚至死亡。

（3）棉花枯黄萎病。1935年,我国引进美国棉花种子传入棉花枯萎病和黄萎病,20世纪60年代扩散到9个植棉省市。20世纪70年代至80年代初,随着棉花新品种"鲁棉一号"等的推广,该病迅速扩散蔓延。1993年,全国棉花黄萎病大面积发生,发病面积约226万公顷（1公顷=10000平方米）,损失皮棉1亿千克。目前,几乎所有产棉区均有棉花枯黄萎病发生。

（4）稻水象甲。1988年,稻水象甲从日本、朝鲜传入我国河北省,现已在天津、辽宁、北京、吉林、山东、浙江、福建、安徽等15个省(市)发生,每年造成直接经济损失约4亿元。

（5）苹果蠹蛾。该虫病于1953年首次在我国新疆发现,后沿河西走廊逐渐向内地蔓延。至2011年,已在新疆、甘肃、内蒙古、宁夏、黑龙江和吉林6省(区)的120个县市分布,总发生面积约110570公顷,对占我国苹果产量80%的西北黄土高原和渤海湾两大苹果主产区构成了严重威胁。

4 为什么国外检疫性有害生物传入我国的风险较大?

答:我国是国外检疫性有害生物传入风险较大的国家之一。主要原因有:

（1）我国陆路边境线长，周边国家众多，检疫性有害生物随边贸等途径传入的风险较大。目前国内发生的苹果蠹蛾、马铃薯甲虫、稻水象甲等重大植物疫情都是从周边邻国传入的。

（2）我国沿海开放口岸众多，对外农产品贸易发达，检疫性有害生物随之传入的可能性极大。近年来口岸截获的植物疫情种类多、频率高、数量大，就是很好的例证。

（3）我国幅员辽阔，气候类型多，生态类型复杂，植物种类繁多，检疫性有害生物一旦传入，极易定殖并造成危害。

（4）目前，我国部分公众的植物检疫法制意识还比较淡薄，违规引种和调运的现象时有发生。

5　农业植物检疫法律法规有哪些？

答：我国现行的植物检疫法律、法规和规章主要有：《中华人民共和国进出境动植物检疫法》（1991年10月30日全国人民代表大会常务委员会制定发布）、《中华人民共和国进出境动植物检疫法实施条例》（1996年12月2日国务院发布）、《植物检疫条例》（1983年1月3日国务院发布，1992年5月13日国务院修订）、《植物检疫条例实施细则（农业部分）》（1995年2月25日农业部发布，2007年11月8日修订）、《农业植物疫情报告与发布管理办法》（2010年1月18日农业部发布）等。此外，还包括各省、自治区、直辖市人民代表大会常务委员会或省级人民政府制定发布的地方性植物检疫法规、规章、规范性文件等。上述法律、法规、规章和规范性文件构成了具有我国特色的农业植物检疫管理制度体系。

6 什么机构负责植物检疫?

答: 目前我国的植物检疫机构分为国内植物检疫和口岸植物检疫两个部分。国内植物检疫工作由农业部和国家林业局按照农业和林业职责分工分别主管,省级、市级、县级农业和林业主管部门所属的植物检疫机构按照农、林检疫分工具体负责。口岸植物检疫工作由国家质量监督检验检疫总局及其所属出入境检验检疫机构负责。各部门相互协作,共同担负着保护我国农业和林业生产安全、服务农产品贸易的职责。

7 什么是检疫性有害生物?

答: 国际上将"检疫性有害生物"定义为:对受其威胁的地区具有潜在经济重要性但尚未在该地区发生,或虽已发生但分布不广并进行官方防治的有害生物。该定义包括了国内的检疫性有害生物和国家之间检疫性有害生物的内容。

《植物检疫条例》将国内检疫性有害生物定义为:局部

地区发生,危险性大,能随植物及其产品传播的病、虫、杂草。

两者基本意思是一样的,《植物检疫条例》的解释更适合对国内检疫性有害生物的理解,更通俗易懂。也有人将"检疫性有害生物"称作"植物检疫对象",只不过"检疫性有害生物"的称呼更与国际接轨。

8 什么是有害生物风险分析?

答:国际上将"有害生物风险分析(PRA)"定义为:以生物的或其他科学的和经济的依据,确定一种有害生物是否应该限制和采取的防治措施力度的评价过程。

有害生物风险分析是世贸组织《实施卫生与植物检疫措施协定》(SPS协定)中对各成员明确要求的,制定和实施植物检疫措施的依据,目的是使植物检疫对贸易的影响降到最低。

有害生物风险分析分为三个阶段:

第一为开始阶段。一般从以下三种情形开始进行有害生物风险分析:一是从有害生物开始的风险分析,确定一种有害生物是否为检疫性有害生物;二是从传播途径开始的有害生物风险分析,确定某个商品或运输工具是否有传带检疫性有害生物的风险;三是从检疫政策调整开始的风险分析,分析政策调整的必要性和科学性。

第二为有害生物风险评估阶段。对于有害生物来说,主要分析有害生物定殖的可能性、扩散的可能性、可能造成的经济影响,即判定一种有害生物是否为限定的有害生物及评估检疫性有害生物传入的可能性。

第三为有害生物风险管理阶段。主要评估可以备选的植物检疫措施的效率和作用,重点考虑各种措施的科学性、可行性和经济适用性。该阶段是降低检疫性有害生物传入风险的决策过程。

9 检疫性有害生物与常规的病、虫有什么区别?

答:检疫性有害生物与常规的病、虫的主要区别有:

(1)发生范围不同。检疫性有害生物一般发生在局部地区,而常规的病、虫发生分布比较普遍。

(2)强制性不同。检疫性有害生物是指国家有关法律法规以及双边或多边植物检疫协定规定的危险性特别大、在我国没有发生或发生但局部分布的一些病、虫、草,必须按照国家检疫机构的要求进行防治;而常规的病、虫则是指普遍发生的、为害或可能为害植物及其产品的有害生物,且未列入国家植物检疫性有害生物名录的所有有害生物,由国家植保机构指导相关单位或个人开展防治。

(3)防治目标不同。对检疫性有害生物,主要以法律法规为依据,采取封锁、控制、消灭等措施,防治措施的强度更大,重点是阻止其传播扩散;对常规的病、虫,主要开展农业防治、物理防治、生物防治和化学防治等相结合的综合治理,一般只要求通过防治将常规的病、虫的为害程度控制在经济允许的阈值或防治指标以下即可,重点控制其危害。

10 我国现行农业植物检疫性有害生物有哪些?

答:我国现行农业植物检疫性有害生物,包括由农业部公布的全国农业植物检疫性有害生物和各省、自治区、直辖市农业主管部门公布的地方补充农业植物检疫性有害生物。

全国植物检疫性有害生物有:菜豆象、蜜柑大实蝇、四纹豆象、苹果蠹蛾、葡萄根瘤蚜、美国白蛾、马铃薯甲虫、稻水象甲、扶桑绵粉蚧、红火蚁、腐烂茎线虫、香蕉穿孔线虫、瓜类果斑病菌、柑橘黄龙病菌、番茄溃疡病菌、十字花科黑斑病菌、柑橘溃疡病菌、水稻细菌性条斑病菌、黄瓜黑星病菌、香蕉枯萎病菌 4 号小种、玉蜀黍霜指霉菌、大豆疫霉病菌、内生集壶菌、苜蓿黄萎病菌、李属坏死环斑病毒、烟草环斑病毒、黄瓜绿斑驳花叶病毒、毒麦、列当属、假高粱等30 种。

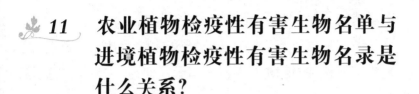

11 农业植物检疫性有害生物名单与进境植物检疫性有害生物名录是什么关系？

答:农业植物检疫性有害生物名单中的有害生物是国内局部发生的检疫性有害生物,重点需要防止其扩散蔓延和危害。国内植物、植物产品调运不能带有农业植物检疫性有害生物。

禁止进境的植物检疫性有害生物多数是我国没有发生的、需要严防其传入的有害生物,也包括一部分我国虽有发生,但国家正采取检疫措施进行控制的检疫性有害生物。进口植物、植物产品不能带有我国禁止进境的植物检疫性有害生物。

一般来说,进境植物检疫性有害生物名录比较宽泛,它包含了我国农业植物检疫性有害生物以及地方补充的检疫性有害生物。

世界各国一般都有自己关注的检疫性有害生物,我国植物、植物产品出口时也必须符合进口国家的检疫要求,不带其关注的检疫性有害生物。

12 哪些物品应该接受检疫？

答:《植物检疫条例》第七条明确规定,调运植物和植物产品,属于下列情况的,必须实施检疫:

（1）列入应施检疫的植物、植物产品名单的,运出发生疫情的县级行政区域之前,必须经过检疫。

（2）凡种子、苗木和其他繁殖材料,不论是否列入应施检疫的植物、植物产品名单和运往何地,在调运之前,都必须经过检疫。

（3）对可能被植物检疫性有害生物污染的包装材料、运载工具、场地、仓库等,也应实施检疫。

13 土壤或生长介质需要进行检疫吗?

答:对于从国外进口的植物或植物产品来说,我国法律规定禁止土壤进口,因为土壤中经常隐藏着多种危害农作物的有害生物,例如土传病害的病原微生物、线虫和休眠虫态。生长介质必须接受检疫,因为用于植物栽培的生长介质中也可能带有大量病原真菌、细菌和线虫、昆虫、软体动物等有害生物。这些有害生物极有可能随土壤和栽培介质进行远距离传播。

对于国内调运植物或植物产品时土壤或生长介质是否需要检疫,主要看调运的植物或植物产品是否来自疫情发生区。如果是来自香蕉穿孔线虫或香蕉枯萎病4号小种的发生区,随植物或植物产品携带的土壤必须符合植物检疫要求,防止检疫性有害生物随土壤或生长介质传播。而对于来自其他无疫情发生地区的土壤和生长介质则无需进行检疫。

14　疫区是指什么？发生区是指什么？发生疫情的县级行政区是指什么？

答:疫区是指经省级人民政府或国务院农业主管部门、林业主管部门批准划定的发生某个植物检疫性有害生物的局部地区。在疫区内应采取封锁、消灭等措施,防止植物检疫性有害生物传出。

发生区是指某种植物检疫性有害生物发生的地区,是检疫性有害生物自然发生的区域。

发生疫情的县级行政区是指有某种检疫性有害生物发生的、以县(旗、区、市)为单位的区域,主要是为了便于检疫管理。因为国家在各县级行政区域设立了植物检疫机构,负责开展相关检疫工作。

15　疫区如何划定？

答:疫区的划定由省级农业(林业)主管部门提出,报省级人民政府批准,并报国务院农业(林业)主管部门备案。疫区的范围涉及两省(自治区、直辖市)以上的,由有关省(自治区、直辖市)农业(林业)主管部门共同提出,报国务院农业(林业)主管部门批准后划定。

疫区应根据植物检疫性有害生物的生物学特性、传播情况、当地的地理环境、交通状况以及采取封锁、消灭措施的需要来划定,其范围应严格控制。

16 疫区如何撤销?

答:疫区内的检疫性有害生物,在达到基本消灭或已取得控制蔓延的有效办法以后,应按照疫区划定时的程序,办理撤销手续,经批准后明文公布。

17 疫区内的植物、植物产品如何处理?

答:疫区内的植物、植物产品,只限在疫区内种植、使用,禁止运出疫区。如因特殊情况需要运出疫区的,必须事先征得所在地省级植物检疫机构批准;调出省外的,应经农业部批准。

18 什么是非疫区?

答:非疫区是指经科学证据证明不存在特定有害生物,并由官方通过一系列的建设和管理工作,能够维持此状态的区域。非疫区一般由省级以上农业行政主管部门组织认定。

我国目前正在进行苹果蠹蛾非疫区和柑橘检疫性有害生物非疫区建设试点,取得了初步的成效。

19 公众发现新的病、虫应怎么办？

答:公众在生产、生活过程中,如发现新的病、虫,应当及时向当地植物检疫机构报告, 由植物检疫机构进行认定,经调查确认为新发生病、虫的,当地植物检疫机构将按照程序上报上级植物检疫机构。省级以上植物检疫机构将进行有害生物风险分析与评估,明确其检疫地位。植物检疫机构应向社会公布农业植物疫情报告联系方式。对于发现重大检疫性有害生物的单位或个人,农业行政部门或其所属的植物检疫机构将给予必要的奖励。

20 新病、虫是否都是检疫性病、虫？

答:新病、虫不一定都是检疫性病、虫。将某一新病、虫列为检疫性病、虫应具备以下三个条件:

（1）仅局部地区发生,分布不广。

（2）危险性大,造成损失严重的。

（3）能随植物及其产品调运远距离传播的。一般来说,要经过有害生物风险分析,考虑采取检疫措施的科学性和可行性,再确定新病、虫是否列为检疫性病虫。

对于普遍发生的新病、虫,或者主要靠气流等因素远距离传播,或者检疫措施效果不好的病、虫,或者采取措施投入与效果差距较大的,一般不列为检疫性有害生物。

21　公民在植物检疫方面有什么义务?

答:公民在植物检疫方面应履行下列义务:

(1) 发现新的可疑植物病、虫、杂草时,应及时向植物检疫机构报告。

(2) 调运植物、植物产品,要依照植物检疫法律法规的相关规定,向植物检疫机构如实报检,不弄虚作假。

(3) 积极配合植物检疫机构开展检疫工作,如发现检疫性有害生物或者其他危险性病、虫、杂草,应按检疫机构的要求及时进行处理,并承担处理所需的费用。

(4) 不得私自夹带未经检疫的植物及其产品入境或出境。

22　什么是调运检疫?

答:调运检疫是指植物检疫人员依据植物检疫法规,对调运(包括托运、邮寄、自运、携带、销售等)的应施检疫的植物、植物产品及其他应检物品实施的检疫并签发植物检疫证书的过程。

23　为什么必须进行调运检疫?

答:通过实施调运检疫,植物检疫机构对合格的植物、植物产品,按规定签发植物检疫证书予以放行,对不合格的予以检疫除害处理，除害处理合格的签发证书并放行，未经除害处理或经处理仍不合格的，不准调运。调运检疫可以有效地防止检疫性有害生物随调运的植物、植物产品传播蔓延，达到保护农业生产和贸易安全的目的。

24 调运检疫程序如何办理？

答:调运检疫按以下程序办理:

（1）调入单位或个人必须事先征得所在地的省、自治区、直辖市植物检疫机构或其授权的地(市)、县级植物检疫机构同意,并取得检疫要求书。

（2）调出单位所在地的省、自治区、直辖市植物检疫机构或其授权的当地植物检疫机构,凭调出单位或个人提供的调入地检疫要求书受理报检,并实施检疫。

（3）调出单位所在地的省、自治区、直辖市植物检疫机构或其授权的地(市)、县级植物检疫机构,按下列不同情况签发植物检疫证书:在无植物检疫性有害生物发生的地区调运植物、植物产品,经核实后签发植物检疫证书;在零星发生植物检疫性有害生物的地区调运种子、苗木等繁殖材料时,应凭产地检疫合格证签发植物检疫证书;对产地植物检疫性有害生物发生情况不清楚的植物、植物产品,必须按照《调运检疫操作规程》进行检疫,证明不带植物检疫性有害生物后,签发植物检疫证书。在上述调运检疫过程中,发现有检疫性有害生物时,必须严格进行除害处理,合格后,签发植物检疫证书;未经除害处理或经处理仍不合格的,不准放行。

25 发现可疑植物检疫证书怎么办?

答: 植物检疫证书格式由国务院农业主管部门制定,任何单位和个人不得随意修改,更不许伪造。当发现可疑植物检疫证书时,可以向当地植物检疫机构咨询或举报,植物检疫机构将进行核查。如确认系伪造、涂改的假植物检疫证书,植物检疫机构可以依法追究相关责任人的法律责任。

26 植物检疫证书应该保留备查吗?

答: 植物检疫证书是表明生产、调运和销售的植物、植物产品是否符合检疫要求的法定依据,是公民知法守法、检疫机构检疫执法检查的重要凭证,应长期保留备查。

27 办理植物检疫证书的好处是什么?

答: 在运输植物及植物产品的过程中,铁路、交通、民航和邮政等部门要查验植物检疫证书。市场在销售农作物种子、苗木等植物及植物产品时,植物检疫机构有可能对其进行复检,查验植物检疫证书。因此,单位和个人办理植物检疫证书,既保证了种子、苗木等植物及植物产品的安全性,又可以合法地进行运输和销售,避免因违法调运和销售植物和植物产品而受到罚款、没收、销毁等处罚。

28 邮寄或托运植物、植物产品需要办理植物检疫证书吗?

答:邮寄或托运植物、植物产品时需要办理植物检疫证书。邮寄或托运植物、植物产品是检疫性有害生物远距离传播的重要途径。根据《植物检疫条例》的规定,交通运输部门和邮政部门一律凭植物检疫证书承运或收寄应施检疫的植物和植物产品,植物检疫证书应随货运寄。因此,邮寄或托运应施检疫的植物和植物产品时,必须办理植物检疫证书。

29 邮电、铁路、公路、民航等部门在检疫方面有什么义务?

答:邮电、铁路、公路、民航等部门在承运或收寄应施检疫的植物、植物产品时,必须按照要求查验植物检疫证书,无植物检疫证书的不予承运和收寄。如发现邮寄或运输的种类、数量与植物检疫证书不符,应及时通知当地的植物检疫机构处理。

交通运输部门和邮政部门的有关工作人员在植物、植物产品的运输或邮寄工作中,如不认真履行义务,发现徇私舞弊、玩忽职守的,由其所在单位或者上级主管机关给予行政处分;构成犯罪的,由司法机关依法追究刑事责任。

30 为什么植物检疫机构有时还要对调入的物品进行复检？

答:植物检疫机构对调入物进行复检的原因主要有：

（1）可以对重点的植物、植物产品进行更加有效的监管，防止传入检疫性有害生物。

（2）可以弥补由于抽样和检疫技术方面存在的缺陷，加大检疫措施的有效性。

（3）植物、植物产品在检疫出证后，在仓储、加工、运输过程中有可能重新被某些检疫性有害生物污染。

（4）可以防止一些不法单位和个人弄虚作假，擅自调换植物及植物产品，打击违规调运。

31 什么是产地检疫？

答:产地检疫是指植物检疫机构根据检疫需要，在植物、植物产品的生产地，按照《产地检疫规程》等规定的方法和程序对植物在生长期间进行全生产过程的检疫，指导采取预防控制措施，并依法签署产地检疫合格证的检疫活动。

32 为什么要进行产地检疫？

答:产地检疫是一项积极、主动的检疫措施，是防止检疫性有害生物从源头传播蔓延的重要手段。开展产地检的意义主要表现在以下几方面：

（1）可以提高检疫的准确性和可靠性。产地检疫是在植物生长期间进行的，此时植物病虫害尤其是病害的症状比较明显，易于发现和识别，有利于诊断和鉴定。因此，在原产地进行检疫是国内外一致推崇的做法。

（2）可以对发现的问题采取针对性的检疫措施。一旦发现有检疫性有害生物发生，可以指导采取必要的防控措施，确保生产出的植物、植物产品不带有检疫性有害生物。

（3）在调运和检疫时间安排上比较主动。经过产地检疫，取得产地检疫合格证后，在植物及植物产品尤其是鲜活农产品运输时一般可不需再检疫，凭产地检疫合格证换发植物检疫证书直接调运，避免了调运时再进行抽样、室内检测等检疫过程，也避免了因检疫手段和技术限制而影响检疫结果，从而为调运争取了时间。

（4）可以有效避免货主的经济损失。对于产地检疫发现问题而又没有采取有效处理措施的，检疫机构可以指导生产单位和个人及时改变用途，避免在调运时才发现问题而造成压车、压港、压库等所带来的损失。

33 如何申请产地检疫？

答：申请产地检疫的程序如下：

（1）生产、繁育单位或个人向所在地、市、县级植物检疫机构提交产地检疫申请书。

（2）植物检疫机构受理申请,并进行审查和决定。按照产地检疫技术规程或参照相应的检疫技术标准、技术规范进行产地检疫。

（3）产地检疫合格的,植物检疫机构在取得产地检疫结果后 3 个工作日内签发产地检疫合格证;不合格的,告知申请人不予办理产地检疫合格证。

34 产地检疫合格证能代替植物检疫证书进行调运吗?

答:不能代替。产地检疫合格证是植物检疫机构对植物、植物产品实施产地检疫后,签发的检疫合格凭证,在货物调运时不能代替植物检疫证书使用。在调运植物或植物产品时,货主可以在产地检疫合格证有效期内凭此证向签发合格证的检疫机构换取植物检疫证书,再行调运。

35 种子标签上的植物检疫证明编号是什么含义?

答:植物检疫证明编号是标注在种子标签上,用来证明该批种子经植物检疫机构检疫合格的有效证明序号。当地生产的种子,检疫证明编号标注产地检疫合格证编号（16 位）,经过调运的种子标注植物检疫证书编号（17 位）,进口种子检疫证明编号标注引进种子、苗木检疫审批单的编号（11 位）。

36 植物检疫证明编号能代替植物检疫证书吗？

答:不能代替。植物检疫证明编号是《种子法》中要求的种子标签的重要内容之一。种子只有经过植物检疫或经批准从国外引进并经检疫合格,才能取得植物检疫证明编号。由于植物检疫证明编号不能完全反映植物检疫的基本信息,因此植物检疫证明编号不能代替相关植物检疫证书凭证,不具有植物检疫证书效用。种子植物检疫证明编号必须配合植物检疫证书使用。种子生产、经销单位和个人除了保证种子标签上有完整正确的植物检疫证明编号外,还必须保留好相应的植物检疫证书备查。

37 制繁种前为什么要事先征求检疫机构的意见？

答:植物检疫机构是国家授权从事植物检疫工作的专门机构,对于检疫性有害生物的发生情况比较了解,帮助和指导种子生产单位和个人在无检疫性有害生物的发生区进行制繁种,既有其优势,也是其义务。

根据《植物检疫条例》及《植物检疫条例实施细则(农业部分)》规定,种苗繁育单位或个人必须有计划地在无植物检疫性有害生物分布的地区建立种苗繁育基地。新建的良种场、原种场、苗圃等,在选址以前,应征求当地植物检

植物检疫知识 百题问答

21

疫机构的意见。植物检疫机构可以指导和监督种苗繁育单位选择符合检疫要求的地方建立繁育基地,达到生产无检疫性有害生物的健康良种的目的。

38 发生疫情的良种场的种子、苗木应如何处理?

答:已经发生疫情的良种场、原种场、苗圃等,应立即采取有效措施封锁、控制和消灭疫情。在检疫性有害生物未消灭以前,所繁育的种子、苗木等材料不准调入无病区。但经过严格除害处理并经植物检疫机构检疫合格的,可以调运。

39 为什么试验示范推广的种子、苗木等繁殖材料必须经过检疫?

答:《植物检疫条例》规定,凡种子、苗木和其他繁殖材料,不论运往何地,在调运之前,都必须经过检疫。试验、示范、推广的种子、苗木和其他繁殖材料,即使不是商品用种,也有传播检疫性有害生物的可能,属于必须实施检疫的范畴。因此,试验、示范、推广的种子、苗木必须经植物检疫机构检疫合格,取得植物检疫证书后,方可进行调运和试验、示范及推广。

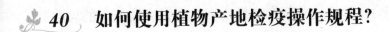

40 如何使用植物产地检疫操作规程?

答:植物产地检疫操作规程是植物检疫机构在实施产地检疫过程中,在有害生物的检测方法、防疫措施、药剂控制、田间鉴别等方面必须严格遵循的技术规范。

产地检疫规程包括国家制定的标准和地方制定的地方标准,是规范植物检疫工作的重要依据,也是确保检疫科学性的重要保证。产地检疫规程是植物检疫机构和检疫人员的工作依据,也是种苗繁育单位和个人的重要参考文件,有助于其配合检疫机构有针对性地做好相关防疫工作。

41 为什么要办理国外引种检疫手续?

答:从国外引进植物种子、苗木是丰富我国植物品种资源、提升我国农业生产能力的重要途径。但是,从国外引进种子可能导致检疫性病、虫、草传入我国,也就是说引种是存在风险的。办理国外引种手续,具有以下重要的意义:

(1)可以阻止风险极大的种苗的引进。对于疫情严重发生的国家或地区的种苗,对于曾发现过重要检疫性有害生物的同类种苗,应避免引进。

(2)可以对出口国提出检疫要求。在审批时,检疫机构会提出禁止携带的检疫性有害生物名单,并要求出口国或地区官方植物检疫机构出具符合中国要求的植物检疫证书,从而最大限度降低检疫性有害生物传入的风险。

（3）可以事先要求引种单位或个人做好引进种子、苗木入境后隔离试种或生长期间的疫情监测准备工作,一旦发现携带危险性病、虫、杂草,可及时采取封锁、控制和铲除措施,避免传入、扩散造成危害。

（4）可以维护引种单位或个人的利益。我国检疫法规规定,引进种子、苗木的单位和个人必须在对外贸易合同或协议中订明中国法定的检疫要求。这样一旦在引进种子、苗木发现检疫问题时,引种单位和个人可以向出口方进行索赔。

42 哪些繁殖材料需要办理国外引种检疫审批手续?

答: 从国外（含境外）引进用于科学研究、区域试验、对外制种、试种、观赏或生产的所有植物种子、种苗、鳞（球）茎、枝条以及其他繁殖材料,在引种前均应办理国外引种检疫审批手续。

43 出国回来带少量种子需要检疫吗?

答: 需要检疫。出国回来携带的少量种子也存在传播检疫性有害生物的风险,也需要经过批准并经检疫合格,方可带入。

根据 2012 年农业部、国家质量监督检验检疫总局联合发布的第 1712 号公告的规定，出国回来携带植物种子（苗）、苗木及其他具有繁殖能力的植物材料，必须经计划种植地的省级以上植物检疫机构审批许可，并具有输出国或地区官方机构出具的检疫证书。未经检疫，擅自携带种子、苗木或其他繁殖材料进境的，均属违法行为。

鉴于种子传带疫情的复杂性，在没有十分必要的情况下，建议不要从国外带种子回国。

44 农业部门哪些机构负责办理国外引种检疫审批手续？

答：国外引种检疫审批手续由农业部所属植物检疫机构以及各省（自治区、直辖市）农业行政主管部门所属的植物检疫机构负责办理。在国家规定的审批限量内，种植地省级植物检疫机构可以直接审批；超过规定限量的，由种植地省级植物检疫机构签署意见后，报农业部所属植物检疫机构审批。

45 农林和质检部门在国外引种审批方面是如何分工的？

答：农业植物检疫部门负责办理农业植物，包括粮食及经济作物、蔬菜、水（瓜）果（核桃、板栗等干果除外）、花卉（野生珍贵花卉除外）、中药材、牧草、草坪草、绿肥、食用菌等种子、种苗及其他繁殖材料的引种检疫审批手续;林业部门负责办理森林植物种子、苗木及其他繁殖材料的检疫审批手续;因科学研究等特殊原因需要引进国家规定禁止进境的植物种苗,由质检部门负责办理特许引种检疫审批手续。

引种单位或个人对上述分工不清楚的,可以向当地的植物检疫机构咨询。

🌿 46 如何办理农业植物种苗国外引种检疫审批的程序?

答:办理农业植物种苗国外引种检疫审批的程序如下:

(1)引种单位或个人在引种前携带有关申请材料向种植地所在的省级植物检疫机构提出申请。申请材料包括:①引进国外植物种苗申请单;②经种子管理部门批准的中华人民共和国农业部动植物苗种进(出)口审批表;③种苗引进后的隔离试种或集中种植计划;④首次引种的(从未引进或连续三年没有引进),需提供引进种苗原产地病虫害发生情况说明;⑤再次引种的,应出具由种植地植物检疫机构签署的前次引种种植期间进境植物繁殖材料入境后疫情监测报告。

(2)申请材料齐全,植物检疫机构予以受理;否则,予以退回,补充有关材料。

(3)植物检疫机构依据规定的审批权限,对申请人提供的申请材料进行审查，符合引种检疫审批要求的，在规定时间内做出审批决定，出具引进种子、苗木检疫审批单。

47 为什么要将检疫审批要求纳入对外合同或协议中？

答:将检疫审批要求纳入对外贸易合同或合作、交流等协议中,作为双方共同遵守的条款,以便当引进种苗在入境口岸检疫发现规定禁止携带的有害生物或出现其他不符合检疫审批要求的情况时,引种单位或个人可以向种苗输出方提出退货和索赔要求,将损失降低到最低程度。

48 为什么要求输出国出具植物检疫证书？

答:出口国国家植物检疫机构对其国内有害生物的发生情况比较清楚,对拟出口种苗的检疫安全情况最了解,由其出具植物检疫证书是《国际植保公约》规定的权利和义务,也是双边检疫合作的具体要求。

植物检疫证书是植物、植物产品或其他应检物符合有关检疫要求的官方凭证,具有普遍的公信力和法律效力。《国际植保公约》规定,植物检疫证书由具有技术资格、经国家官方植物保护组织适当授权、能代表并在其控制下的检疫官员签发,因而输入方可信任地接受植物检疫证书作为可靠的文件,证明输出的植物符合进口国的植物检疫规定。

《中华人民共和国进出境动植物检疫法实施条例》规定,依法应该检疫的进境物在向口岸动植物检疫机关报检时,若无输出国家或者地区政府植物检疫机关出具的有效检疫证书,或者未依法办理检疫审批手续的,口岸动植物检疫机关可以根据具体情况,作退回或者销毁处理。

49 隔离试种有什么作用?

答:隔离试种是防止检疫性有害生物随引进种苗传入为害、保障引种安全的一项重要措施。其作用主要包括:

一是有效防止传入检疫性有害生物。某些检疫性有害生物,特别是许多病毒、类病毒等,发生率很低或发病初期为害症状不明显或隐症;而在种植期间这些有害生物通常会表现症状,通过对引进植物进行整个生长期观察,有利于及时发现这些检疫性有害生物。

二是有利于发现新的检疫性有害生物。通过风险分析对外提出的检疫要求虽较全面,但仍难免有局限性。一些普通有害生物或其不同生理小种或生态型通过引种到新的环境后,由于缺乏自然控制因子很可能爆发危害,造成严重损失。隔离试种在一定程度上能防止传入一些新的、尚未引起人们关注的病虫害。

三是有助于加大植物检疫工作的纵深。口岸抽检具有一定的偶然性,特别是在引进种苗携带有害生物数量较低时,口岸检疫检测很难发现,通过因隔离试种可弥补口岸检疫在时间和空间上的限制,以及防止因漏检可能出现的问题。

四是隔离试种环境相对比较独立,一旦发现疫情便于及时采取封锁控制措施,可有效防止国外检疫性的和潜在检疫性的病、虫、草害的蔓延扩散。

50 引进种苗在种植期间发现疫情如何处理?

答:引进种苗种植期间一旦发现检疫性或潜在的检疫性有害生物,应立即向种植地植物检疫机构报告,并按照检疫机构要求采取严格的封锁和隔离措施,防止疫情的传出和扩散;同时,根据疫情性质,决定对植物生长设施、容器、土壤及其他生长介质是否进行消毒处理以及在一定时间内是否允许种植同类寄主植物。

对于发现严重疫情的,一般应该避免再从同样国家或地区引进同类植物的种苗。

51 为什么不提倡大量引进生产用种?

答:一方面,受检疫技术力量及仪器设备的限制,对于大量引进的种子、苗木,植物检疫机构难以做到彻底的检疫检验,而检疫性有害生物传入的风险在很大程度上与引进种苗的数量成正相关。另一方面,大量引进种子很难进行有效的隔离种植,一旦发现疫情,往往涉及面广,疫情处理难度大,扩散蔓延的风险也大。因此,为保护农业生产安全,有必要对引进种苗的数量进行限制,不提倡大量引进生产用种,尤其是粮、棉、油等关系到国计民生的大宗作物和国外疫情不清、引进后传播危险性病虫害可能性较大的种苗更要严格控制引种数量。国内生产用种原则上应立足于自繁自育。

52 为什么植物检疫要收费?

答:植物检疫是一项技术性很强的行政执法工作,其目的是通过采取强制性处理措施,避免检疫性有害生物随植物、植物产品的调运人为传播,确保农业生产安全。接受检疫的单位或个人实际上也接受了国家提供的检疫服务,按照谁受益谁承担的原则,由受益单位或个人承担部分检疫费用,是国际通行的做法。

我国规定植物检疫机构执行植物检疫任务时,可以按规定收取相关的植物检疫费。所收费用全部用于植物检疫机构的检疫事业开支。

53 植物检疫收费的依据是什么?

答:植物检疫收费的依据是国家植物检疫法律法规。

国务院 1983 年发布、1992 年修订发布的《植物检疫条例》第二十一条规定:"植物检疫机构执行植物检疫任务可以收取检疫费。"其执收机构是各级农业、林业行政主管部门所属的植物检疫机构。

54　农业植物检疫收费的标准如何?

答:植物检疫收费有严格的标准。目前执行的标准是1992 年国家物价局和财政部联合制定的《国内植物检疫收费标准》。其中,种子、苗木等繁殖材料的调运检疫费、产地检疫费按《国内植物检疫收费标准》的规定执行;其他应施检疫的植物、植物产品,粮谷类的检疫费按《国内植物检疫收费标准》的 20% 计收,经济作物和水(瓜)果类按《国内植物检疫收费标准》的 30% 计收,详见表一。国(境)外引种疫情监测费按种植地所在省(自治区、直辖市)制定的疫情监测收费标准收取。受检植物、植物产品没有收费标准的,可参照《国内植物检疫收费标准》中相类似种类的标准计收。检疫证书费,每证 1 元(农业植物检疫机构现已不收费)。检疫费按被检货物的价值收取,对调运的应检货物,其价值按合同价计算,没有合同价的,按市场价计算;对产地应检作物,按国家牌价计算价值,没有国家牌价的按市场价计算。另外,对邮寄、托运限量内植物及其产品和教学科研单位所需的少量原始种子实施检疫免受检疫费。

表一　国内植物检疫收费标准

作物种类	免费限量	调运检疫收费		产地检疫收费		备注	说明
		起点额（元）	收费额占货值比率（%）	起点额（元）	收费额占产值比率（%）		
粮谷类	大粒种子50克（稻、麦、玉米、豆类、棉花、花生、甜菜等）、小粒种子10～30克（烟、麻、牧草、油菜子等）、薯类500克、苗木10株	0.50	0.60	1.00	0.40	含稻、麦、玉米、薯类、牧草、豆类及其他	1. 免费限量系指确因科学、科研需要的少量原始材料,不含小包装的商品种苗
经济作物类		0.70	0.70	1.00	0.45	含烟、棉、麻、油料、花生、糖料、蔬菜及其他	2. 检验货物100千克以内(含100千克)、100株以内（含100株）、1亩以内（含1亩）按起点额收费,若上述限量内的货(产)值不足起点额3倍者,按货值比率收费
水（瓜）果类		1.00	0.80	1.00	0.60	含乔木、灌木、水果、香蕉、葡萄、瓜果及其他	3. 检验货物超过起点额限量部分均按货（产）值比率(%)收取检疫费

55　复检是否收费?

答:调入地植物检疫机构,对调入本辖区的可能带有检疫性有害生物的应检植物、植物产品可以进行复检。复检不收费。

对货证不符或伪造检疫证书违规调入的应检植物、植物产品，植物检疫机构应按照植物检疫行政处罚的有关规定进行处理，对有关产品的检疫不属于复检范畴，应该按规定收取检疫费。

🌿 56　植物检疫费如何管理？主要用于哪些方面？

答:国内植物检疫费由县级以上（含县级）农业行政主管部门所属的植物检疫机构收取，收取的检疫费应纳入单位财务管理，实行收支两条线。植物检疫机构按规定向主管部门和同级财政部门编报收支预算时，要包括检疫费收支计划，经批准后执行。各级植物检疫机构应到同级物价管理部门办理收费许可证，使用财政部门统一制定的收费收据。

植物检疫费应全部用于植物检疫机构的检疫事业开支。主要用于植物检疫试剂及必要的设备购置、维修保养、宣传及人员培训、疫情调查与封锁控制以及其他有关检疫事业所必需的开支，不得挪作他用，结余部分应按预算外资金进行管理。

57 哪些单位和个人可以受到农业部及各级政府、部门的表彰?

答:凡执行《植物检疫条例》有下列突出成绩之一的单位和个人,由农业部、各省、自治区、直辖市人民政府或者农业主管部门给予奖励。

(1)在开展植物检疫性有害生物普查方面有显著成绩的。

(2)在植物检疫性有害生物的封锁、控制、消灭方面有显著成绩的。

(3)在积极宣传和模范执行《植物检疫条例》、植物检疫规章制度、与违反《植物检疫条例》行为作斗争等方面成绩突出的。

(4)在植物检疫技术的研究和应用上有重大突破的。

(5)铁路、交通、邮政、民航等部门和当地植物检疫机构密切配合,贯彻执行《植物检疫条例》成绩显著的。

58 违反植物检疫规定的行为有哪些?

答:违反植物检疫规定的行为主要包括以下几方面:

(1)未按照规定办理植物检疫证书或者在报检过程中弄虚作假的。

(2)伪造、涂改、买卖、转让植物检疫单证、印章、标志、编号、封识的。

（3）未按照规定调运、承运（或收寄）、隔离试种或者生产应施检疫的植物、植物产品的。

（4）违反规定，擅自开拆已检讫的植物、植物产品包装，调换或者夹带其他未经检疫的植物、植物产品，或者擅自将非种用植物、植物产品作种用的。

（5）违反规定，试验、生产、推广带有植物检疫性有害生物的种子、苗木和其他繁殖材料，或者未经批准在非疫区进行检疫性有害生物活体试验研究的。

（6）违反规定，不在指定地点种植或者不按要求隔离试种，或者隔离试种期间擅自分散种子、苗木和其他繁殖材料的。

（7）其他违反植物检疫法规规定，引起疫情扩散的行为。

59 处罚措施有哪些？

答：对于违反植物检疫法律法规的行为，植物检疫机构应当责令其改正，并可视情节轻重依法施以行政处罚；情节严重、构成犯罪的，由司法机关依法追究刑事责任。

植物检疫机构实施的行政处罚措施主要包括以下几种：

（1）罚款。即给予违法当事人经济上的制裁，是植物检疫机构最常用的行政处罚形式。

（2）没收非法所得。对当事人以营利为目的的非法所得进行没收,可以是一部分也可以是全部没收。

（3）责令赔偿损失。违法当事人给相关单位或个人造成损失的,植物检疫机构可以对违法当事人做出责令赔偿损失的行政处罚。

（4）其他处罚。对违反《植物检疫条例》规定调运的植物和植物产品,植物检疫机构可视情况予以封存、没收、责令改变用途、销毁或者除害处理。所需费用由责任人承担。

60 违反检疫规定的物品如何处理?

答:对于违反检疫规定调运应检植物、植物产品的行为必须按规定给予相应的处罚,所涉及的物(产)品,应先行封存,然后按规定程序进行检验检疫,并根据检验检疫结果进行相应的处理。检疫合格的,经批评教育或必要的处罚后,所涉及的物品可以正常使用;检疫不合格的,应按照植物检疫机构的要求进行除害处理。处理合格的,可以正常使用。处理不合格或无法进行除害处理的,应予以销毁或责令改变用途,由此产生的一切费用由违法当事人承担。

61 不服植物检疫机构处罚向哪个部门投诉?

答:当事人对植物检疫机构的行政处罚决定不服的,可以自接到处罚决定通知书之日起 60 日内, 向作出行政处罚决定的植物检疫机构的本级农业行政主管部门申请行政复议;对复议决定不服的,可以自接到复议决定书之日起 15 日内向人民法院提起诉讼。当事人逾期不申请复议或者不起诉又不履行行政处罚决定的,植物检疫机构可以申请人民法院强制执行或者依法强制执行。

🍂 62　国际植保公约是什么?

答:国际植保公约全称《国际植物保护公约》(The International Plant Protection Convention,英文简称 IPPC),是由联合国粮农组织(FAO)制定的关于防止有害生物随植物及其产品贸易扩散和传播的国际合作协定, 也是世界贸易组织《实施卫生和植物卫生措施协定》(SPS 协定)规定的制定国际植物检疫措施标准的机构。

国际植保公约成立于 1952 年, 现有 177 个国家或地区加入。我国于 2005 年 10 月 20 日加入。其主要宗旨是为确保采取共同而有效的行动来防止有害生物的传入和扩散,并促进采取防治这些有害生物的措施,是目前植物保护领域参加国家最多、影响最大的国际公约。国际植保公约的中心内容为植物检疫,其主要任务是加强国际间植物检疫合作,防止植物检疫性有害生物传播,统一国际植物检疫证书格式,开展国际植物保护信息交流,促进植物检疫能力建设等。

63 国际植物检疫措施标准有哪些?

答:截至 2011 年 12 月 30 日,国际植保公约已经制定发布的国际植物检疫措施标准共 34 项。

(1)与国际贸易有关的植物检疫原则(ISPM1)。

(2)有害生物风险分析指南(ISPM2)。

(3)外来生物防治物的输入和释放行为守则(ISPM3)。

(4)建立非疫区的要求(ISPM4)。

(5)植物检疫术语表(ISPM5)。

(6)监测指南(ISPM6)。

(7)出口证书体系(ISPM7)。

(8)某一地区有害生物状况的确定(ISPM8)。

(9)有害生物根除计划准则(ISPM9)。

(10)建立非疫产地和非疫生产点的要求(ISPM10)。

(11)检疫性有害生物风险分析(ISPM11)。

(12)植物检疫证书指南(ISPM12)。

(13)违规通知和紧急行动指南(ISPM13)。

(14)有害生物风险管理综合措施(ISPM14)。

(15)国际贸易中木包装材料的管理准则(ISPM15)。

(16)限定的非检疫性有害生物:概念和应用(ISPM16)。

(17)有害生物报告(ISPM17)。

(18)辐照处理检疫标准(ISPM18)。

(19)限定性有害生物名单制定指导原则(ISPM19)。

（20）植物检疫进口管制系统指南（ISPM20）。

（21）限定的非检疫性有害生物风险分析指南（ISPM21）。

（22）建立有害生物低度流行区的要求（ISPM22）。

（23）环境影响风险分析补充标准（ISPM23）。

（24）确定和认可植物检疫措施等效性指南（ISPM24）。

（25）过境货物（ISPM25）。

（26）实蝇非疫区的建立（ISPM26）。

（27）限定性有害生物诊断（ISPM27）。

（28）限定性有害生物的植物检疫处理（ISPM28）。

（29）非疫区和有害生物低度流行区的认可（ISPM29）。

（30）有害生物风险分析框架（第 2 号标准的修订）（ISPM30）。

（31）货物抽样方法（ISPM31）。

（32）基于有害生物风险的商品分类（ISPM32）。

（33）国际贸易中的脱毒马铃薯（茄属）微繁材料和微型薯（ISPM33）。

（34）入境后植物检疫站的设计和操作（ISPM34）。

64 亚太植保协定是什么？

答：亚太植保协定全称《亚洲及太平洋区域植物保护协定》（Asian and Pacific Plant Protection Commission，英文简称 APPPC），是亚太区域植物保护领域重要的多边合作协定，是国际植保公约框架下的补充协定。该协定于 1956 年

7月2日正式生效，并根据形势发展先后进行了四次修订，现有24个国家加入。我国于1990年加入。该协定负责协调亚洲和太平洋区域各国植物保护方面的合作，如疫情通报、防治进展、检疫措施等，其目的是防止检疫性有害生物传入亚洲及太平洋区域。

65 亚太区域制定的区域植物检疫标准有哪些？

答：目前，亚太植保协定已制定的检疫标准有：《实蝇检疫热处理方法指南》、《植物检疫员培训指南》、《实蝇寄主确定方法》、《实蝇非疫区建设指南》、《紧急行动和紧急措施指南》、《介壳虫随国际贸易中用于消费的果蔬传播风险分析指南》、《陆路检疫》、《橡胶南美叶疫病检疫指南》等。

66 红火蚁的危害是什么？如何防治？

答：红火蚁的危害有以下四个方面：①危害人畜健康。红火蚁常以群体攻击叮螫人畜、猎物或入侵者，以尾部螫针刺入皮肤注射毒蛋白造成危害。②造成农林生产损失。红火蚁取食作物的种子、幼芽、嫩茎、果实和根系。③危害公共安全。红火蚁除在土中筑巢外，亦喜欢在户内外机电设施中聚居，造成电线短路、电器故障等。④破坏生态系统。红火蚁食性杂，竞争力强，能捕食其他生物，破坏生物多样性。

主要防治措施：

（1）加强检疫。花卉苗木等寄主植物的调入或调出须经检疫合格凭植物检疫证书调运，发生区内的淤泥、垃圾等禁止运出。

（2）清理红火蚁滋生地，发动群众清理住宅区的垃圾和杂物，保持环境整洁。

（3）药剂防治。在每年春季和秋季红火蚁繁殖期施用红火蚁专用饵剂或触杀型粉剂对发生区内的活动工蚁和蚁巢进行科学防除。

（4）物理防治。可采用水淹法或沸水处理法。

67　被红火蚁叮螫了怎么办？

答：人体被红火蚁叮螫一般会出现火灼伤般疼痛感，继而出现水疱、脓包，严重的会产生局部红肿、全身性瘙痒、发热、头晕等过敏反应。

被红火蚁叮螫后，不要惊慌，应尽快用清水或肥皂水冲洗伤口，再抹上皮康霜或清凉油即可缓解痛痒，尽量避免弄破脓包防止细菌二次感染。如有较严重的过敏反应症状或受伤者本身患有过敏病史应及时到医院就诊。

68　柑橘溃疡病的危害是什么？如何防治？

答：柑橘溃疡病是由黄单胞菌属引起的一种细菌病

害,病菌能侵染芸香科柑橘属、枳属和金柑属植物,其中甜橙、酸橙、柚等高度感病,柠檬中度感病,宽皮柑橘较抗病。病原菌侵染未老化的叶片、新梢和幼果,形成"火山口"状病斑,严重时引起落叶、落果和枝梢枯死。果实受害影响外观和品质,降低商品价值。

主要防治措施:

（1）种植经过检疫合格的无病健康苗木。

（2）在无病区定期普查,发现零星病株要立即采取铲除措施。

（3）在发生区,果园周围建立防风林,在新梢和果实生长期喷施杀菌剂,尤其在台风暴雨过后要及时喷药防治。

（4）加强栽培管理,合理施肥灌溉,控制夏秋梢生长,及时清理销毁病果。

69 柑橘黄龙病的危害是什么？如何防治？

答:柑橘黄龙病是芸香科柑橘属和金柑属植物的重要病害,其病原菌为韧皮部杆菌属细菌,寄生于韧皮部,系统侵染但分布不均。始发病呈现"黄梢"症状,叶片黄化、早落,再发梢短、叶小;病树不长新根,有的根部腐烂、大量枝条坏死;果实畸形、味淡、易早落,失去商品价值。幼树发病后一般1～2年内枯死,成年树发病后3～5年内枯死或丧失结果能力。

主要防治措施:

（1）严格检疫。禁止未经检疫的柑橘苗木和接穗进入新区和无病区。

（2）种植经检疫合格的无病健康苗木。

（3）防虫控病。在春芽萌动期和每次新梢抽发期,及时施药防治柑橘木虱。

（4）挖除病树。对柑橘黄龙病株一经确认即坚决挖除集中烧毁,挖除前要先喷药杀灭病株及其周围植株上的柑橘木虱。

（5）加强栽培管理。合理施用氮磷钾肥,多施有机肥,增强树势,统一控梢。

70　苹果蠹蛾的危害是什么? 如何防治?

答:苹果蠹蛾主要为害苹果和梨,此外还可为害桃、杏、樱桃等植物。苹果蠹蛾主要以幼虫蛀食果实为害,初孵幼虫自果实表面蛀入取食果肉,3龄幼虫进入种室取食种子,发育成熟后向果实表面蛀食脱果。果实表面蛀孔随虫龄增加不断增大,外部常有大量褐色虫粪堆积。幼虫有转果为害习性,一只幼虫可为害2~4个果实。被苹果蠹蛾蛀食的果实往往脱落,为害严重时造成大量落果。

主要防治措施:

（1）严格检疫。禁止发生区内未经检疫的寄主水果及相关植物产品调出,加强水果市场、集散地检疫检查,对携带疫情的果品和废弃果实集中进行深埋处理。

（2）药剂防治。在防治适期每年进行 2 次施药防治虫卵和初孵幼虫。此外，成虫发生期在果园挂诱捕器诱杀。

（3）物理防治。4 月下旬至 9 月下旬，用杀虫灯捕杀成虫，每25～30 亩放置一盏杀虫灯。

（4）农业防治。及时清除果园中的虫果、地面落果和废弃杂物等，冬季刮除果树枝干的粗皮、翘皮等清理幼虫越冬场所；在秋季老龄幼虫脱果之前用粗麻布等绑缚树干诱集当年越冬幼虫，冬季时取下集中销毁杀灭幼虫。

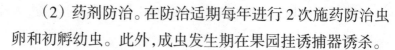 71 马铃薯甲虫的危害是什么？如何防治？

答：马铃薯甲虫取食马铃薯、番茄、茄子和烟草等作物，是马铃薯上的重要害虫。幼虫和成虫常将马铃薯叶片吃光，一般造成减产 30%～50%，有时高达 90%。

主要防治措施：

（1）加强检疫。禁止从发生区调入未经检疫的马铃薯等寄主植物及其产品，对途经发生区的交通工具及所运输的农副产品、包装工具等进行仔细检查防止携带成虫或蛹。

（2）药剂防治。施用胃毒或触杀药剂防治成虫和幼虫，秋季蔬菜收获后，用药剂处理发生地块土壤。

（3）农业防治。马铃薯与禾本科、豆科等作物合理轮作。此外，加强田间管理，常中耕松土灭杀蛹和幼虫，以降低虫口基数。

72 稻水象甲的危害是什么? 如何防治?

答:稻水象甲寄主广泛,噬食水稻和禾本科及莎草科杂草,该虫危害引起的产量损失一般为 20%左右,严重时可达 50%。主要危害有:

(1)成虫多在叶尖、叶喙或叶间沿叶脉方向啃食嫩叶的叶肉而留下表皮,形成长短不等的白色条斑。

(2)低龄幼虫啃食稻根造成断根,形成浮秧或影响生长,是造成水稻减产的主要原因。

主要防治措施:

(1)严格检疫。严禁未经检疫从发生区调运稻谷、秧苗、稻草及其制品。

(2)药剂防治。以防治越冬代成虫为主,针对越冬场所、秧田期和大田期分三个阶段施药防治。

(3)物理防治。发生区稻田利用灯光诱杀成虫,压低虫源;对小片孤立稻田设置防虫网防止稻水象甲迁移进入稻田或者覆膜无水栽培,减少稻株落卵量。

(4)农业防治。水稻收割后至土壤封冻前对稻田进行翻耕或耕耙,降低田间越冬成虫成活率。

73 假高粱的危害是什么? 如何防治?

答:假高粱是玉米、大豆、棉花和甘蔗等秋熟旱作物田

的主要杂草,主要危害有:

(1)假高粱的根分泌物和腐烂组织能抑制作物子实萌发和幼苗生长,花粉易与高粱属作物杂交,导致作物产量降低、品质变劣。

(2)假高粱具有一定毒性,体内会产生氢氰酸,牲畜食用后会导致中毒。

(3)假高粱繁殖能力极强,土壤中留存的子实和地下发达的根茎繁殖器官极难清除,是世界性恶性杂草,对其他植物生长有强烈的抑制作用,严重影响自然环境中的生物多样性。

主要防治措施:

(1)加强检疫。对进口和调运的粮食实施严格检疫,对含有假高粱的进口粮运输、装卸、储运及除害过程进行严格监管,防止其撒漏和扩散。

(2)人工挖除。对局部受假高粱入侵的田地采取人工挖除,要挖深挖透,挖出的根茎及植株集中晒干烧毁,对挖除地定期复查。

(3)药剂防治。对非农田区的假高粱植株,可施用茅草枯、森草净和草甘膦等除草剂进行防除。

74 香蕉枯萎病的危害是什么? 如何防治?

答:香蕉枯萎病是由尖孢镰刀菌古巴专化型引起香蕉维管束坏死的一种土传真菌病害。病原菌有 4 个生理小种，其中我国发生的 1 号小种主要危害粉蕉，4 号小种能为害所有的香蕉种类。感病香蕉植株叶片自下而上变黄凋萎，叶片倒挂在假茎周围，假茎基部纵裂，维管束红褐色坏死，最后全株枯死。香蕉幼龄期植株即可染病但无明显症状。病原菌在土壤中可存活 8～10 年，香蕉染上该病一般减产20%以上，严重的甚至绝收。

主要防治措施：

（1）加强检疫。严禁发病区的蕉苗和病土调运到无病区，种植经检疫合格的无病健康蕉苗。

（2）挖除病株。蕉园内发病植株及时挖除就地晒干焚烧，或先注射草甘膦待植株枯死后集中烧毁或深埋处理。

（3）药剂防治。采用多菌灵等药剂对发病田块进行 2～3 次土壤消毒处理，降低土壤中病原菌的数量。

（4）农业防治。病区进行水旱轮作或改种非蕉类作物，种植穴用生石灰等进行处理，合理施肥，采用低压微喷灌、少耕或免耕等技术。

75 内生集壶菌的危害是什么？如何防治？

答：内生集壶菌在自然条件下主要为害马铃薯，严重威胁马铃薯生产。该病菌主要通过带病或带菌的种薯或土壤远距离调运传播，为害马铃薯植株的地下部分，侵染茎基部、匍匐茎和块茎，刺激细胞组织增生变成畸形，导致发病薯块品质变差，不堪食用，冬季储藏会腐烂。该病害严重的可导致减产50%以上。

主要防治措施:

(1)严格检疫。禁止发生区未经检疫合格的马铃薯调出,病薯和病苗要及时进行销毁处理。

(2)药剂防治。制种田可用三唑酮等药剂进行喷雾、灌根和毒土覆种等方法进行防治。

(3)农业防治。引进种植抗病品种,采用双行垄作等改进栽培技术,与非感病作物轮作。

76 黄瓜绿斑驳花叶病毒的危害是什么? 如何防治?

答:黄瓜绿斑驳花叶病毒是瓜类生产中一种危害严重的病毒性病害,主要危害黄瓜、西瓜、南瓜和甜瓜等葫芦科作物。该病主要通过种子进行远距离传播。该病在西瓜叶片只产生轻微的斑纹和矮化,但在果实中却造成严重的变色或使果实内部腐烂;在黄瓜叶片上出现色斑、水疱及变形,植株矮化,病株开花迟和少花,不结果或结果畸形,一般造成减产20%以上,严重的甚至绝收。

主要防治措施:

(1)严格检疫。种植经检疫合格的健康种子,严禁发生区内的种苗、果实外调。

(2)及时挖除植株。挖除的植株,就地集中晒干焚烧或深埋处理植株和果实。

（3）化学防治。播种前用 3%～10% 亚磷酸三钠浸种10 分钟，发病田土壤和农具用稀释 100 倍的福尔马林处理后覆膜封闭 5～7 天。

（4）农业防治。作物种植期间加强水肥管理，避免农事操作对植株造成伤口，发病田改种非葫芦科作物两年以上。

77 水稻细菌性条斑病的危害是什么？如何防治？

答：水稻细菌性条斑病是危害水稻的重要细菌性病害之一。该病主要通过种子调运进行远距离传播，主要为害水稻叶片，幼龄叶片最易受害。病斑局限于叶脉间薄壁细胞，由初期深绿色水浸状斑点逐渐变为淡黄色狭长条斑，后期多条病斑连成大块坏死斑，病部菌脓呈串珠状。水稻从苗期到孕穗期都可见到典型病状，病菌侵染种子颖壳后出现变色斑点。籼稻通常极为感病，多数粳稻的抗性都很强，籼稻因该病造成损失在 5%～20%，严重时可达 50%。

主要防治措施：

（1）加强检疫，禁止从发生区调种、换种。

（2）种子消毒处理。发生区播种前采用温汤浸种法或用强氯精对种子进行消毒处理。

（3）药剂防治。苗期或大田稻叶上发现有细菌性条斑病出现时，应立即喷施噻森铜等药剂进行防治。

78 瓜类果斑病的危害是什么? 如何防治?

答: 瓜类果斑病是瓜类生产上的重大危险性病害之一,主要为害葫芦科的西瓜、甜瓜、南瓜、黄瓜、西葫芦和苦瓜等。该病主要通过种子进行远距离传播。西瓜子叶、真叶和果实上均可受感染发病,果实上典型症状是表皮出现水浸状小斑点,病斑逐渐扩大,边缘不规则可布满整个果面,初期病变只局限在果皮,后期果实很快腐烂,严重的可使西瓜等瓜类产量损失 50%以上。

主要防治措施:

(1)严格检疫。禁止发病区种子调出,对田间病株和病果等及时进行销毁处理。

(2)种植无病种子。发生区播种前用盐酸、次氯酸钙等进行浸种防病处理。

(3)药剂防治。田间出现病害时及时喷施铜制剂、抗生素等进行防治。

(4)农业防治。发病田与非葫芦科作物轮作倒茬,种植抗病品种,进行科学栽培管理。

79 黄瓜黑星病的危害是什么? 如何防治?

答: 黄瓜黑星病是由瓜疮痂枝孢菌引起的一种病害,主要为害黄瓜、甜瓜、西葫芦、冬瓜、南瓜和西瓜等葫芦科作物。该病主要通过种子进行远距离传播。在寄主植物的整个生育期均可发病,危害部位有叶片、茎、卷须、瓜条及生长点等,可引起子叶腐烂,严重时幼苗整株腐烂,幼瓜弯曲、畸形,后期病部多形成疮痂,湿度高时病部表面产生绿褐色霉层。该病可造成瓜类减产70%以上,病瓜受损变形,失去商品价值。

主要防治措施:

(1)严格检疫。严禁在发病区繁种和从发病区调种。

(2)种植无病种苗。种子用温水浸种或用多菌灵等药剂浸种消毒处理。

(3)药剂防治。发病初期及时喷药防治,重点喷洒植株幼嫩部位。

(4)农业防治。种植抗病或耐病品种,并加强肥水管理,发病田与非瓜类作物轮作2～3年。

80　大豆疫病的危害是什么？如何防治？

答:大豆疫病是大豆的重要病害,主要为害大豆、羽扇豆、菜豆、豌豆等。该病主要通过种子进行远距离传播,土壤是病原菌传播的重要载体。可引起出苗前种子腐烂,出苗后植株枯萎,成株期感病叶片自下而上逐渐变黄并很快萎蔫死亡,茎基部褐色病斑向上扩展,根系腐烂或发育不良,病株结荚少,空荚、瘪荚多,子粒皱缩干瘪。

主要防治措施:

（1）严格检疫。禁止从发病区调运病菌寄主植物种子。

（2）种植抗病和耐病品种。

（3）种子处理。大豆播种前用甲霜灵等药剂进行种子包衣处理。

（4）农业防治。采用垄作，减少连作，科学施肥，及时排水。

81 蜜柑大实蝇的危害是什么？如何防治？

答：蜜柑大实蝇主要为害甜橙、酸橙、红橘、温州蜜柑等柑橘类植物果实。雌成虫产卵于果实内，卵孵化出幼虫在果实内取食瓤瓣为害，致使果实未熟先黄，未熟先落，丧失食用价值。

主要防治措施：

（1）加强检疫。加强果实、苗木检疫，防止该虫害向未发生区扩散。

（2）农业防治。①冬季清园翻耕，消灭地表耕作层的部分越冬蛹。②9月下旬至11月中旬，摘除未熟先黄果，拾净落地果进行集中煮沸、深埋处理，消灭果实中的幼虫。③零星、分散的果树，待7～8月成虫产卵后将所有青果全部摘完，使果实中的幼虫不能发育成熟，达到断代的目的；对品种老化、品质低劣的果园，可进行高接换种或砍伐后重新改造果园。

（3）诱杀防治。利用蜜柑大实蝇成虫产卵前有取食补充营养(趋糖性)的生活习性,可用糖酒醋敌百虫液或专用诱剂诱杀成虫。

82　香蕉穿孔线虫的危害是什么? 如何防治?

答:香蕉穿孔线虫是香蕉的重要病害,还可危害柑橘、菠萝、胡椒、生姜、玉米、甘蔗、茄子、番茄、马铃薯等农作物以及天南星科、竹芋科、棕榈科、凤梨科和芭蕉科等多种观赏植物。该线虫危害香蕉根部,在根和地下肉质茎上产生淡红色至红褐色的病斑,病斑扩大后形成空腔。病株生长不良,叶小而少,提早脱落,果穗减少。观赏植物中,以红掌上发生比较普遍。

主要防治措施:

(1)加强检疫。对来自发生区的植物及其产品进行严格检疫,禁止发生区的寄主植物繁殖材料和土壤进入无病区。

(2)新传入区疫情控制和铲除。发现香蕉穿孔线虫要及时采取封锁和铲除措施,全面销毁发病花场、苗圃、果园、田块中的植物,禁止可能受污染的植物和土壤、工具外传,防止疫情扩散蔓延。清除土壤中植物的根茎残体并集中销毁,土壤用具有熏蒸作用的杀线虫剂处理,并覆盖黑色薄膜,保持土壤无杂草等任何活的植物至少6个月,或地面水泥硬底化,或用生石灰处理受污染水泥池等。在侵染区和非侵染区之间建立宽5～18米的"缓冲带",在"缓

"缓冲带"中不得有任何植物,并阻止病区植物的根延伸进入"缓冲带"。

(3)发生区防治。在香蕉穿孔线虫定殖而难以铲除的地区,一方面要加强检疫防止虫害范围扩大,另一方面应加强防治工作以减少损失。主要防治措施:使用小块根茎(直径10厘米左右)作种,并在55℃的温水中浸25分钟处理;病田旱地轮作非寄主植物1年以上;病田水旱轮作一季,淹水5~6个月以上;使用杀线虫剂处理小块根茎和土壤。

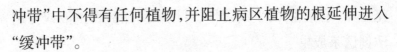

83 美国白蛾的危害是什么? 如何防治?

答:美国白蛾寄主十分广泛,主要危害多种阔叶树,如桑、胡桃、苹果、梧桐、李、樱桃、柿、榆和柳等。以幼虫群集取食寄主叶片,3~4龄幼虫为害时吐丝结成网幕,随着虫龄增大,网幕不断扩展,包围更多叶片,大面积发生时,可致寄主叶片被成片食尽,以至植株枯死。

主要防治措施:

(1)加强检疫。对来自发生区的寄主植物、包装箱、集装箱、运输工具和铺垫物实施严格检疫。

(2)人工防治。在成虫期捕杀成虫;卵期及1~3龄幼虫期采摘卵块和剪除网幕;蛹期翻挖灭蛹,集中烧毁深埋。

(3)诱杀防治。5龄幼虫期,在离地面1米处扎缚稻草或其他干草,引诱幼虫入内化蛹,至化蛹盛末期,解下缚草,集中烧毁灭蛹。

（4）诱杀成虫。利用灯光诱杀成虫。

（5）药剂防治。在2、3龄幼虫高峰期,统一行动,施药防除。

（6）生物防治。保护蜘蛛、寄生蜂等自然天敌;喷洒多角体病毒、颗粒病毒进行生物防治。

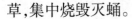 84 番茄溃疡病的危害是什么? 如何防治?

答:番茄溃疡病是一种细菌性病害,主要危害番茄、龙葵、裂叶茄等。病菌远距离传播主要靠种子、种苗及未加工果实的调运;近距离传播主要靠雨水及灌溉水。病菌侵入引起幼苗死亡和损害果实,给番茄的温室和大田生产造成损失。

主要防治措施:

（1）对番茄生产用种进行检疫,严防其传播蔓延。

（2）建立无病留种地和对种子进行严格消毒处理。

（3）使用新苗床或采用营养钵育苗,旧苗床使用前必须消毒。

（4）田间发现番茄溃疡病病株,要立即消除病株及病残体,发病田块实行与非茄科作物2年以上轮作。

（5）药剂防治。施用杀细菌药剂进行灌根防治和喷雾防治。

85 李属坏死环斑病毒的危害是什么? 如何防治?

答:李属坏死环斑病毒几乎可侵染所有的李属植物,引起坏死、皱缩、花叶、环斑、穿孔、枯死等,特别是在苗期发生会造成严重损失。该病毒主要通过种子和苗木的调运远距离传播,近距离主要通过嫁接传播扩散。

主要防治措施:

(1)加强检疫。调运时实施检疫,严防种苗传播病毒。

(2)农业防治。建立无毒种苗繁育基地,发展无疫病优质果树生产区。

(3)化学防治。选择抗病毒药剂进行化学防治,重点进行药剂灌根和主干环剥涂药。

86 葡萄根瘤蚜的危害是什么? 如何防治?

答:葡萄根瘤蚜仅为害葡萄属植物,成虫和若虫在葡萄的根部和叶部吸食汁液,为害根部的称"根瘤型",在根部形成虫瘿或根结;为害叶片的称"叶瘿型",在叶背面形成虫瘿。该虫为害影响根对水分、养分的吸收,影响叶片光合作用,导致植株长势不良,树势衰弱,严重时可致植株死亡。

主要防治措施:

（1）加强检疫,不从发生区调运苗木,必须调用时,须经过严格检验检疫处理。

（2）培育抗虫品种。

（3）沙地育苗,培育无虫苗木。

（4）药剂处理土壤,包括毒土处理土壤及熏蒸处理土壤。

87 菜豆象的危害是什么? 如何防治?

答:菜豆象主要为害菜豆属植物,在田间豆荚上及仓库内豆粒上都能产卵为害。成虫产卵于豆荚或豆粒上,幼虫大多自种脐附近蛀入,被害豆粒可有数条幼虫,造成蛀空而无食用和种用价值。

主要防治措施:

（1）加强检疫,禁止从发生区调运豆类种子,若必须调运时,需经严格检疫处理。

（2）库房内发生,须采用熏蒸、加热、低温等除害处理措施。

（3）田间成虫发生期,可使用杀虫剂喷雾防治。

88 十字花科黑斑病的危害是什么? 如何防治?

答:十字花科黑斑病主要为害白菜、萝卜、甘蓝、花椰菜、芜菁、芥菜、油菜等多种十字花科植物。主要为害叶片和叶柄，多从外叶或下部叶片开始发生，病斑淡褐色至黑褐色，有明显的同心轮纹，叶片上的病斑可以连片，严重的叶片枯死。多雨高湿有利于黑斑病的发生。

主要防治措施：

（1）对种子要严格检疫。

（2）建立无病留种田制度，确保种子健康无病。

（3）发病初始病株应该及时拔除，收获后彻底清除田间病残体，集中深埋或烧毁，以减少菌源。

（4）与非十字花科作物轮作。

（5）药剂防治。选择杀菌药剂防治，

89 四纹豆象的危害是什么？如何防治？

答：四纹豆象以幼虫为害各种豆类子实，热带地区可在田间及仓库内发生危害，温带区主要在仓库内进行危害。幼虫将豆粒蛀成空壳，导致不能种用或食用。为害严重时，可在3个月内平均减轻豆类重量50%。

主要防治措施：

（1）加强检疫。禁止从发生区调运豆类种子；调运受该虫侵染的寄主豆类，必须进行严格的灭虫处理。

（2）生物防治。利用寄生性天敌、微生物农药、生长调节剂等方法防治四纹豆象虫害。

（3）植物精油防治。如用九里香、肉桂、香叶、茴香、花椒精油、柑橘油等处理豆类,对四纹豆象能起到毒杀、生长发育抑制、驱避、引诱、拒食等作用。

（4）化学防治。田间成虫发生期,可使用化学药剂进行防治。

（5）物理防治。采用气调杀虫、通风降温抑制虫害、辐射杀虫、灯光诱杀、日光暴晒等方法。

90 烟草环斑病毒的危害是什么？如何防治？

答:烟草环斑病毒主要为害烟草、番茄、马铃薯、大豆、西瓜、黄瓜等作物,可导致减产和产品质量下降。该病毒主要通过种子进行远距离传播,在田间主要靠汁液摩擦接触传播,病毒多通过叶片和根部伤口进入,昆虫、线虫可造成植株伤口,并传播病毒。

主要防治措施:

（1）实施严格的检疫制度,对寄主繁殖材料实施检疫。

（2）珍贵寄主材料,可进行茎尖脱毒处理。

（3）药剂防治传毒昆虫及线虫,可以减少病毒株间的传播。

（4）与非寄主作物轮作。

（5）利用基因调控在遗传育种上获得抗病品种。

91 毒麦的危害是什么？如何防治？

答:毒麦是一年生恶性杂草,常与麦类作物混生,造成麦类作物产量和质量下降。毒麦种子中含有毒麦碱,可麻痹中枢神经,人、畜误食后可能引起中毒。

主要防治措施:

（1）加强植物检疫。对麦类种子及发生区外调的粮食、饲料要严格检疫,麦类籽粒加工时含毒麦的下脚料要妥善处理。

（2）播种前使用硫酸铵浸种,将漂浮在上面的毒麦子实打捞并处理。

（3）麦类乳熟期田间毒麦易于识别且种子未成熟,应及时拔除毒麦植株;麦类留种地要彻底拔除毒麦植株,用种量少的也可采用田间穗选留种。

（4）机收麦类作物时,应先收留种地,再收无毒麦田块。收割机转移至其他地方作业前,进行彻底清扫,避免毒麦子实随机传播。

92 列当的危害是什么？如何防治？

答:列当是一类在寄生植物根部营寄生生活列当属植物的总称,其植株叶片退化,无叶绿素。列当根形成吸器侵入寄主根内,吸取寄主植物体内养分和水分,阻碍植物的生长,使寄主植物的产量降低,特别是对葫芦科、菊科、茄科植物生长影响极大。

主要防治措施：

（1）严格检疫。调运农作物种子时进行检疫，严防列当种子夹带传播。

（2）在列当发生地区，列当种子未成熟前结合农事操作铲除列当植株，或采用生物和化学的方法进行防除；采收作物种子时进行植株选择，防止列当种子混入作物种子中。

93 地中海实蝇的危害是什么？怎样防止其传入？

答：地中海实蝇危害多种柑橘类、落叶果树及许多栽培和野生植物的果实，主要以幼虫和卵随寄主植物的果实传播，其幼虫和蛹也可以随农产品包装物及苗木所带的泥土传播。成虫在果实上产卵，幼虫在果实内发育，除了直接取食果肉造成危害以外，还可导致细菌和真菌病害的发生，使整个果实腐烂，失去价值。我国目前没有发生，应该严防其传入。

防止其传入的措施：

（1）严禁从疫区各国进口果蔬等有关植物及其繁殖材料；对于特许进口或调出疫区的果蔬等植物，必须严格检疫，并进行彻底的消毒处理。

（2）对从疫区来的其他物品包装物也应实行严格检

疫,除检查成批的货物外,对旅客随身携带的果品也要注意检疫。

（3）对有疫情发生的出口国进行产地检疫。

（4）在进口货物的停放场地、仓库等场所加强地中海实蝇监测。

94 橡胶南美叶疫病的危害是什么？怎样防止其传入？

答:橡胶南美叶疫病是橡胶树的毁灭性病害,只为害三叶橡胶属植物。该病远距离传播主要通过病苗、寄主植物的染病器官和黏附有病菌孢子的包装、填充材料,近距离传播则主要通过空气散布的分生孢子。病菌为害叶片,侵染叶柄、茎、花和幼果,可导致病树落叶、枝条乃至整株死亡。目前我国乃至亚洲区域尚未有该病发生,应该严防其从南美等病害发生国家传入我国。

防止其传入的措施:

（1）禁止从南美洲引进橡胶作物。对从南美洲进口的植物进行严格的植物检疫审批和管理。

（2）对从南美洲入境人员及携带的相关植物及其产品进行严格的检疫。

（3）加强对高风险地区的监测。

95 **玉米细菌性枯萎病的危害是什么？怎样防止其传入？**

答：玉米细菌性枯萎病是影响玉米生产的重要病害，主要为害玉米，特别是甜玉米。该病主要通过种子进行远距离传播，是一种典型的维管束病害，植物的根、茎、叶、雄花和果穗等器官都可以被感染，病株表现出矮缩或枯萎，对产量影响很大。我国尚未发生，应该严防其传入。

防止其传入的措施：

（1）禁止从疫情发生国或地区引进玉米种子。

（2）加强对从疫情发生国入境货物、人员及行李的检疫管理。

（3）对入境的玉米种子、材料等实行严格的检疫监管。

（4）对来自疫区的非法种子、材料进行销毁。

（5）在生产中发生该病的玉米植株立即销毁并禁种3年以上。

（6）加强对高风险区域的监测。

96 **购买种苗需要注意哪些检疫问题？**

答：购买种苗需要注意以下两个方面的检疫问题：

（1）从外省（自治区、直辖市）购买种苗。购买者必须事先征得本省（自治区、直辖市）植物检疫机构或其授权的地(市)县级植物检疫机构同意,并取得检疫要求书。卖方根据检疫要求书上的要求向本省(自治区、直辖市)植物检疫机构或其授权的当地植物检疫机构申请检疫,取得植物检疫证书并随货同行。

(2)从本省购买种苗。所购种苗必须经过植物检疫机构检疫合格,并带有植物检疫证书。

97 检疫性病、虫对人体有害吗?

答:绝大多数植物检疫性病、虫害都只对其寄主植物本身构成危害,造成作物受害减产,病、虫害仅在寄主植物间扩散蔓延,对农业生产和生态环境带来不利影响,但并不直接影响人体健康。比如:柑橘大实蝇,只为害柑橘果实,造成柑橘减产;水稻细菌性条斑病、香蕉枯萎病都分别只危害水稻、香蕉生产,造成产量损失。另外,有少数检疫性有害生物,如毒麦、红火蚁等,自身含有毒素,人误食或被叮咬,毒素进入人体会对人体造成危害,但这不同于可以在人畜间传染的人畜共患动物疫病。检疫性病、虫在人体和植物之间、人体和人体之间是不能传播的,其对人体的危害是能够而且比较容易控制的。

98 植物检疫与一般人有关系吗?

答:植物检疫与一般人有关系。在自然界中,植物检疫性有害生物的发生和分布有一定的区域性,它们自身不能远距离传播扩散,但人类活动为这些有害生物的传播提供了可能。我们在日常工作和生活中,如旅游、商务往来、走亲访友、物品运输、邮寄等都可能携带植物和植物产品,如果这些寄主植物被检疫性有害生物侵染,就可能造成疫情的传播蔓延,给农业生产和生态环境带来巨大的损失。因此,大家都要自觉遵守植物检疫法律、法规,防止携带和传播植物疫情,并积极配合和协助植物检疫机构,共同做好植物检疫方面的工作,保护我国农业生产的安全。

99 可以向哪些人员进一步咨询有关知识?

答:遇到植物检疫方面的问题,可以随时向各级农业植物检疫机构的专职植物检疫员进行咨询。植物检疫机构的工作人员愿意为公众提供热情的服务。

100 公民应如何为保护农业生产安全作出贡献?

答:首先,应学习、了解和掌握一定的植物检疫基础知识,懂得植物检疫是国家保护农业生产安全的一项重要措施。其次,应自觉遵守有关植物检疫法律、法规和规章,从自己做起,重视生产和流通等环节传播有害生物的可能性,自觉履行检疫义务。第三,积极宣传植物检疫知识,增强社会责任感,发现疑似病虫害主动报告植物检疫机构。

附 录

附录一 《植物检疫条例》

（一九八三年一月三日国务院发布。一九九二年五月十三日根据《国务院关于修改〈植物检疫条例〉的决定》修订发布）

第一条 为了防止为害植物的危险性病、虫、杂草传播蔓延,保护农业、林业生产安全,制定本条例。

第二条 国务院农业主管部门、林业主管部门主管全国的植物检疫工作,各省、自治区、直辖市农业主管部门、林业主管部门主管本地区的植物检疫工作。

第三条 县级以上地方各级农业主管部门、林业主管部门所属的植物检疫机构,负责执行国家的植物检疫任务。

植物检疫人员进入车站、机场、港口、仓库以及其他有关场所执行植物检疫任务,应穿着检疫制服和佩带检疫标志。

第四条 凡局部地区发生的危险性大、能随植物及其产品传播的病、虫、杂草,应定为植物检疫对象。农业、林业植物检疫对象和应施检疫的植物、植物产品名单,由国务院农业主管部门、林业主管部门制定。各省、自治区、直辖市农业主管部门、林业主管部门可以根据本地区的需要,制定本省、自治区、直辖市的补充名单,并报国务院农业主管部门、林业主管部门备案。

第五条　局部地区发生植物检疫对象的,应划为疫区,采取封锁、消灭措施,防止植物检疫对象传出;发生地区已比较普遍的,则应将未发生地区划为保护区,防止植物检疫对象传入。

疫区应根据植物检疫对象的传播情况、当地的地理环境、交通状况以及采取封锁、消灭措施的需要来划定,其范围应严格控制。

在发生疫情的地区,植物检疫机构可以派人参加当地的道路联合检查站或者木材检查站;发生特大疫情时,经省、自治区、直辖市人民政府批准,可以设立植物检疫检查站,开展植物检疫工作。

第六条　疫区和保护区的划定,由省、自治区、直辖市农业主管部门、林业主管部门提出,报省、自治区、直辖市人民政府批准,并报国务院农业主管部门、林业主管部门备案。

疫区和保护区的范围涉及两省、自治区、直辖市以上的,由有关省、自治区、直辖市农业主管部门、林业主管部门共同提出,报国务院农业主管部门、林业主管部门批准后划定。

疫区、保护区的改变和撤销的程序,与划定时同。

第七条　调运植物和植物产品,属于下列情况的,必须经过检疫:

(一)列入应施检疫的植物、植物产品名单的,运出发生疫情的县级行政区域之前,必须经过检疫;

(二)凡种子、苗木和其他繁殖材料,不论是否列入应施检疫的植物、植物产品名单和运往何地,在调运之前,都必须经过检疫。

第八条 按照本条例第七条的规定必须检疫的植物和植物产品,经检疫未发现植物检疫对象的,发给植物检疫证书。发现有植物检疫对象、但能彻底消毒处理的,托运人应按植物检疫机构的要求,在指定地点作消毒处理,经检查合格后发给植物检疫证书;无法消毒处理的,应停止调运。

植物检疫证书的格式由国务院农业主管部门、林业主管部门制定。

对可能被植物检疫对象污染的包装材料、运载工具、场地、仓库等,也应实施检疫。如已被污染,托运人应按植物检疫机构的要求处理。

因实施检疫需要的车船停留、货物搬运、开拆、取样、储存、消毒处理等费用,由托运人负责。

第九条 按照本条例第七条的规定必须检疫的植物和植物产品,交通运输部门和邮政部门一律凭植物检疫证书承运或收寄。植物检疫证书应随货运寄。具体办法由国务院农业主管部门、林业主管部门会同铁道、交通、民航、邮政部门制定。

第十条 省、自治区、直辖市间调运本条例第七条规定必须经过检疫的植物和植物产品的,调入单位必须事先征得所在地的省、自治区、直辖市植物检疫机构的同意,并向调出单位提出检疫要求;调出单位必须根据该检疫要求向所在地的省、自治区、直辖市植物检疫机构申请检疫。对调入的植物和植物产品,调入单位所在地的省、自治区、直辖市的植物检疫机构应当查验检疫证书,必要时可以复检。

省、自治区、直辖市内调运植物和植物产品的检疫办法,由省、自治区、直辖市人民政府规定。

第十一条 种子、苗木和其他繁殖材料的繁育单位,必须有计划地建立无植物检疫对象的种苗繁育基地、母树林基地。试验、推广的种子、苗木和其他繁殖材料,不得带有植物检疫对象。植物检疫机构应实施产地检疫。

第十二条 从国外引进种子、苗木,引进单位应当向所在地的省、自治区、直辖市植物检疫机构提出申请,办理检疫审批手续。但是,国务院有关部门所属的在京单位从国外引进种子、苗木,应当向国务院农业主管部门、林业主管部门所属的植物检疫机构提出申请,办理检疫审批手续。具体方法由国务院农业主管部门、林业主管部门制定。

从国外引进可能潜伏有危险性病、虫的种子、苗木和其他繁殖材料,必须隔离试种,植物检疫机构应进行调查、观察和检疫,证明确实不带危险性病、虫的,方可分散种植。

第十三条 农林院校和试验研究单位对植物检疫对象的研究,不得在检疫对象的非疫区进行。因教学、科研确需在非疫区进行时,属于国务院农业主管部门、林业主管部门规定的植物检疫对象须经国务院农业主管部门、林业主管部门批准,属于省、自治区、直辖市规定的植物检疫对象须经省、自治区、直辖市农业主管部门、林业主管部门批准,并应采取严密措施防止扩散。

第十四条　植物检疫机构对于新发现的检疫对象和其他危险性病、虫、杂草,必须及时查清情况,立即报告省、自治区、直辖市农业主管部门、林业主管部门,采取措施,彻底消灭,并报告国务院农业主管部门、林业主管部门。

第十五条　疫情由国务院农业主管部门、林业主管部门发布。

第十六条　按照本条例第五条第一款和第十四条的规定,进行疫情调查和采取消灭措施所需的紧急防治费和补助费,由省、自治区、直辖市在每年的植物保护费、森林保护费或者国营农场的生产费中安排。特大疫情的防治费,国家酌情给予补助。

第十七条　在植物检疫工作中作出显著成绩的单位和个人,由人民政府给予奖励。

第十八条　有下列行为之一的,植物检疫机构应当责令纠正,可以处以罚款;造成损失的,应当负责赔偿;构成犯罪的,由司法机关依法追究刑事责任:

(一)未依照本条例规定办理植物检疫证书或者在报检过程中弄虚作假的;

(二)伪造、涂改、买卖、转让植物检疫单证、印章、标志、封识的;

(三)未依照本条例规定调运、隔离试种或者生产应施检疫的植物、植物产品的;

(四)违反本条例规定,擅自开拆植物、植物产品包装,调换植物、植物产品，或者擅自改变植物、植物产品的规定用途的；

（五）违反本条例规定，引起疫情扩散的。

有前款第（一）、（二）、（三）、（四）项所列情形之一，尚不构成犯罪的，植物检疫机构可以没收非法所得。

对违反本条例规定调运的植物和植物产品，植物检疫机构有权予以封存、没收、销毁或者责令改变用途。销毁所需费用由责任人承担。

第十九条　植物检疫人员在植物检疫工作中，交通运输部门和邮政部门有关工作人员在植物、植物产品的运输、邮寄工作中，徇私舞弊、玩忽职守的，由其所在单位或者上级主管机关给予行政处分；构成犯罪的，由司法机关依法追究刑事责任。

第二十条　当事人对植物检疫机构的行政处罚决定不服的，可以自接到处罚决定通知书之日起十五日内，向作出行政处罚决定的植物检疫机构的上级机构申请复议；对复议决定不服的，可以自接到复议决定书之日起十五日内向人民法院提起诉讼。当事人逾期不申请复议或者不起诉又不履行行政处罚决定的，植物检疫机构可以申请人民法院强制执行或者依法强制执行。

第二十一条　植物检疫机构执行检疫任务可以收取检疫费，具体办法由国务院农业主管部门、林业主管部门制定。

第二十二条　进出口植物的检疫，按照《中华人民共和国进出境动植物检疫法》的规定执行。

第二十三条　本条例的实施细则由国务院农业主管部门、林业主管部门制定。各省、自治区、直辖市可根据本条例及其实施细则,结合当地具体情况,制定实施办法。

第二十四条　本条例自发布之日起施行。国务院批准、农业部1957年12月4日发布的《国内植物检疫试行办法》同时废止。

附录二 《植物检疫条例实施细则(农业部分)》

（1995年2月25日农业部令第5号发布，1997年12月25日农业部令第39号、2004年7月1日农业部令第38号、2007年11月8日农业部第6号修订）

第一章 总 则

第一条 根据《植物检疫条例》第二十三条的规定，制定本细则。

第二条 本细则适用于国内农业植物检疫，不包括林业和进出境植物检疫。

第三条 农业部主管全国农业植物检疫工作，其执行机构是所属的植物检疫机构；各省、自治区、直辖市农业主管部门主管本地区的农业植物检疫工作；县级以上地方各级农业主管部门所属的植物检疫机构负责执行本地区的植物检疫任务。

第四条 各级植物检疫机构的职责范围：

（一）农业部所属植物检疫机构的主要职责：

1. 提出有关植物检疫法规、规章及检疫工作长远规划的建议；

2. 贯彻执行《植物检疫条例》，协助解决执行中出现的问题；

3. 调查研究和总结推广植物检疫工作经验，汇编全国植物检疫资料，拟定全国重点植物检疫对象的普查、疫区划定、封锁和防治消灭措施的实施方案；

4. 负责国外引进种子、苗木和其他繁殖材料(国家禁止进境的除外)的检疫审批;

5. 组织植物检疫技术的研究和示范;

6. 培训、管理植物检疫干部及技术人员。

(二)省级植物检疫机构的主要职责:

1. 贯彻《植物检疫条例》及国家发布的各项植物检疫法令、规章制度,制定本省的实施计划和措施;

2. 检查并指导地、县级植物检疫机构的工作;

3. 拟订本省的《植物检疫实施办法》、《补充的植物检疫对象及应施检疫的植物、植物产品名单》和其他植物检疫规章制度;

4. 拟订省内划定疫区和保护区的方案,提出全省检疫对象的普查、封锁和控制消灭措施,组织开展植物检疫技术的研究和推广;

5. 培训、管理地、县级检疫干部和技术人员,总结、交流检疫工作经验,汇编检疫技术资料;

6. 签发植物检疫证书,承办授权范围内的国外引种检疫审批和省间调运应施检疫的植物、植物产品的检疫手续,监督检查引种单位进行消毒处理和隔离试种;

7. 在车站、机场、港口、仓库及其他有关场所执行植物检疫任务。

(三)地(市)、县级植物检疫机构的主要职责:

1. 贯彻《植物检疫条例》及国家、地方各级政府发布的植物

检疫法令和规章制度,向基层干部和农民宣传普及检疫知识;

2. 拟订和实施当地的植物检疫工作计划;

3. 开展检疫对象调查,编制当地的检疫对象分布资料,负责检疫对象的封锁、控制和消灭工作;

4. 在种子、苗木和其他繁殖材料的繁育基地执行产地检疫。按照规定承办应施检疫的植物、植物产品的调运检疫手续。对调入的应施检疫的植物、植物产品,必要时进行复检。监督和指导引种单位进行消毒处理和隔离试种;

5. 监督指导有关部门建立无检疫对象的种子、苗木繁育、生产基地;

6. 在当地车站、机场、港口、仓库及其他有关场所执行植物检疫任务。

第五条 各级植物检疫机构必须配备一定数量的专职植物检疫人员,并逐步建立健全相应的检疫实验室和检验室。

专职植物检疫员应当是具有助理农艺师以上技术职务或者虽无技术职务而具有中等专业学历、从事植保工作三年以上的技术人员,并经培训考核合格,由省级农业主管部门批准,报农业部备案后,发给专职植物检疫员证。各级植物检疫机构可根据工作需要,在种苗繁育、生产及科研等有关单位聘请兼职植物检疫员或特邀植物检疫员协助开展工作。兼职检疫员由所在单位推荐,经聘请单位审查合格后,发给聘书。

省级植物检疫机构应充实、健全植物检疫实验室,地(市)、县级植物检疫机构应根据情况逐步建立健全检验室,按照《植物检疫操作规程》进行检验,为植物检疫签证提供科学依据。

第六条　植物检疫证书的签发:

(一) 省间调运种子、苗木等繁殖材料及其他应施检疫的植物、植物产品,由省级植物检疫机构及其授权的地(市)、县级植物检疫机构签发植物检疫证书;省内种子、苗木及其他应施检疫的植物、植物产品的调运,由地(市)、县级植物检疫机构签发检疫证书。

(二) 植物检疫证书应加盖签证机关植物检疫专用章,并由专职植物检疫员署名签发;授权签发的省间调运植物检疫证书还应当盖有省级植物检疫机构的植物检疫专用章。

(三) 植物检疫证书式样由农业部统一制定。证书一式四份,正本一份,副本三份。正本交货主随货单寄运,副本一份由货主交收寄、托运单位留存,一份交收货单位或个人所在地(县)植物检疫机构(省间调运寄给调入省植物检疫机构),一份留签证的植物检疫机构。

第七条　植物检疫机构应当自受理检疫申请之日起二十日内作出审批决定,检疫和专家评审所需时间除外。

第八条　植物检疫人员着装办法以及服装、标志式样等由农业部、财政部统一制定。

第二章　检疫范围

第九条　农业植物检疫范围包括粮、棉、油、麻、桑、茶、糖、菜、烟、果(干果除外)、药材、花卉、牧草、绿肥、热带作物等植物、植物的各部分,包括种子、块根、块茎、球茎、鳞茎、接穗、砧木、试管苗、细胞繁殖体等繁殖材料,以及来源于上述植物、未经加工或者虽经加工但仍有可能传播疫情的植物产品。

全国植物检疫对象和应施检疫的植物、植物产品名单,由农业部统一制定;各省、自治区、直辖市补充的植物检疫对象和应施检疫的植物、植物产品名单,由各省、自治区、直辖市农业主管部门制定,并报农业部备案。

第十条 根据《植物检疫条例》第七条和第八条第三款的规定,省间调运植物、植物产品,属于下列情况的必须实施检疫:

(一)凡种子、苗木和其他繁殖材料,不论是否列入应施检疫的植物、植物产品名单和运往何地,在调运之前,都必须经过检疫;

(二)列入全国和省、自治区、直辖市应施检疫的植物、植物产品名单的植物产品,运出发生疫情的县级行政区域之前,必须经过检疫;

(三)对可能受疫情污染的包装材料、运载工具、场地、仓库等也应实施检疫。

第三章 植物检疫对象的划区、控制和消灭

第十一条 各级植物检疫机构对本辖区的植物检疫对象原则上每隔三至五年调查一次,重点对象要每年调查。根据调查结果编制检疫对象分布资料,并报上一级植物检疫机构。

农业部编制全国农业植物检疫对象分布至县的资料,各省、自治区、直辖市编制分布至乡的资料,并报农业部备案。

第十二条　全国植物检疫对象、国外新传入和国内突发性的危险性病、虫、杂草的疫情,由农业部发布;各省、自治区、直辖市补充的植物检疫对象的疫情,由各省、自治区、直辖市农业主管部门发布,并报农业部备案。

第十三条　划定疫区和保护区,要同时制定相应的封锁、控制、消灭或保护措施。在发生疫情的地区,植物检疫机构可以按照《植物检疫条例》第五条第三款的规定,派人参加道路联合检查站,或者经省、自治区、直辖市人民政府批准设立植物检疫检查站,开展植物检疫工作。各省、自治区、直辖市植物检疫机构应当就本辖区内设立或者撤销的植物检疫检查站名称、地点等报农业部备案。

疫区内的种子、苗木及其他繁殖材料和应施检疫的植物、植物产品,只限在疫区内种植、使用,禁止运出疫区;如因特殊情况需要运出疫区的,必须事先征得所在地省级植物检疫机构批准,调出省外的,应经农业部批准。

第十四条　疫区内的检疫对象,在达到基本消灭或已取得控制蔓延的有效办法以后,应按照疫区划定时的程序,办理撤销手续,经批准后明文公布。

第四章　调运检疫

第十五条　根据《植物检疫条例》第九条和第十条规定,省

间调运应施检疫的植物、植物产品,按照下列程序实施检疫:

（一）调入单位或个人必须事先征得所在地的省、自治区、直辖市植物检疫机构或其授权的地（市）、县级植物检疫机构同意,并取得检疫要求书;

（二）调出地的省、自治区、直辖市植物检疫机构或其授权的当地植物检疫机构,凭调出单位或个人提供的调入地检疫要求书受理报检,并实施检疫。

（三）邮寄、承运单位一律凭有效的植物检疫证书正本收寄、承运应施检疫的植物、植物产品。

第十六条　调出单位所在地的省、自治区、直辖市植物检疫机构或其授权的地（市）、县级植物检疫机构,按下列不同情况签发植物检疫证书:

（一）在无植物检疫对象发生地区调运植物、植物产品,经核实后签发植物检疫证书;

（二）在零星发生植物检疫对象的地区调运种子、苗木等繁殖材料时,应凭产地检疫合格证签发植物检疫证书;

（三）对产地植物检疫对象发生情况不清楚的植物、植物产品,必须按照《调运检疫操作规程》进行检疫,证明不带植物检疫对象后,签发植物检疫证书。

在上述调运检疫过程中,发现有检疫对象时,必须严格进行除害处理,合格后,签发植物检疫证书;未经除害处理或处理不合格的,不准放行。

第十七条　调入地植物检疫机构,对来自发生疫情的县级行政区域的应检植物、植物产品，或者其他可能带有检疫对象的应检植物、植物产品可以进行复检。复检中发现问题的，应当与原签证植物检疫机构共同查清事实，分清责任，由复检的植物检疫机构按照《植物检疫条例》的规定予以处理。

第五章　产地检疫

第十八条　各级植物检疫机构对本辖区的原种场、良种场、苗圃以及其他繁育基地，按照国家和地方制定的《植物检疫操作规程》实施产地检疫，有关单位或个人应给予必要的配合和协助。

第十九条　种苗繁育单位或个人必须有计划地在无植物检疫对象分布的地区建立种苗繁育基地。新建的良种场、原种场、苗圃等，在选址以前，应征求当地植物检疫机构的意见；植物检疫机构应帮助种苗繁育单位选择符合检疫要求的地方建立繁育基地。

已经发生检疫对象的良种场、原种场、苗圃等，应立即采取有效措施封锁消灭。在检疫对象未消灭以前，所繁育的材料不准调入无病区，经过严格除害处理并经植物检疫机构检疫合格的，可以调运。

第二十条　试验、示范、推广的种子、苗木和其他繁殖材料，必须事先经过植物检疫机构检疫，查明确实不带植物检疫对象的，发给植物检疫证书后，方可进行试验、示范和推广。

第六章　国外引种检疫

第二十一条　从国外引进种子、苗木和其他繁殖材料(国家禁止进境的除外),实行农业部和省、自治区、直辖市农业主管部门两级审批。

种苗的引进单位或者代理进口单位应当在对外签订贸易合同、协议三十日前向种苗种植地的省、自治区、直辖市植物检疫机构提出申请,办理国外引种检疫审批手续。引种数量较大的,由种苗种植地的省、自治区、直辖市植物检疫机构审核并签署意见后,报农业部农业司或其授权单位审批。

国务院有关部门所属的在京单位、驻京部队单位、外国驻京机构等引种,应当在对外签订贸易合同、协议三十日前向农业部农业司或其授权单位提出申请,办理国外引种检疫审批手续。

国外引种检疫审批管理办法由农业部另行制定。

第二十二条　从国外引进种子、苗木等繁殖材料,必须符合下列检疫要求:

(一)引进种子、苗木和其他繁殖材料的单位或者代理单位必须在对外贸易合同或者协议中订明中国法定的检疫要求,并订明输出国家或者地区政府植物检疫机关出具检疫证书,证明符合中国的检疫要求。

(二)引进单位在申请引种前,应当安排好试种计划。引进后,必须在指定的地点集中进行隔离试种,隔离试种的时间,一年生作物不得少于一个生育周期,多年生作物不得少于二年。

在隔离试种期内,经当地植物检疫机关检疫,证明确实不带检疫对象的,方可分散种植。如发现检疫对象或者其他危险性病、虫、杂草,应认真按植物检疫机构的意见处理。

第二十三条　各省、自治区、直辖市农业主管部门应根据需要逐步建立植物检疫隔离试种场(圃)。

第七章　奖励和处罚

第二十四条　凡执行《植物检疫条例》有下列突出成绩之一的单位和个人,由农业部、各省、自治区、直辖市人民政府或者农业主管部门给予奖励。

（一）在开展植物检疫对象和危险性病、虫、杂草普查方面有显著成绩的;

（二）在植物检疫对象的封锁、控制、消灭方面有显著成绩的;

（三）在积极宣传和模范执行《植物检疫条例》、植物检疫规章制度、与违反《植物检疫条例》行为作斗争等方面成绩突出的;

（四）在植物检疫技术的研究和应用上有重大突破的;

（五）铁路、交通、邮政、民航等部门和当地植物检疫机构密切配合,贯彻执行《植物检疫条例》成绩显著的。

第二十五条　有下列违法行为之一,尚未构成犯罪的,由植物检疫机构处以罚款:

（一）在报检过程中故意谎报受检物品种类、品种，隐瞒受检物品数量、受检作物面积，提供虚假证明材料的；

（二）在调运过程中擅自开拆检讫的植物、植物产品，调换或者夹带其他未经检疫的植物、植物产品，或者擅自将非种用植物、植物产品作种用的；

（三）伪造、涂改、买卖、转让植物检疫单证、印章、标志、封识的；

（四）违反《植物检疫条例》第七条、第八条第一款、第十条规定之一，擅自调运植物、植物产品的；

（五）违反《植物检疫条例》第十一条规定，试验、生产、推广带有植物检疫对象的种子、苗木和其他繁殖材料，或者违反《植物检疫条例》第十三条规定，未经批准在非疫区进行检疫对象活体试验研究的；

（六）违反《植物检疫条例》第十二条第二款规定，不在指定地点种植或者不按要求隔离试种，或者隔离试种期间擅自分散种子、苗木和其他繁殖材料的。

罚款按以下标准执行：

对于非经营活动中的违法行为，处以1000元以下罚款；对于经营活动中的违法行为，有违法所得的，处以违法所得3倍以下罚款，但最高不得超过30000元；没有违法所得的，处以10000元以下罚款。

有本条第一款（二）、（三）、（四）、（五）、（六）项违法行为之一，引起疫情扩散的，责令当事人销毁或者除害处理。

有本条第一款违法行为之一,造成损失的,植物检疫机构可以责令其赔偿损失。

有本条第一款(二)、(三)、(四)、(五)、(六)项违法行为之一,以营利为目的的,植物检疫机构可以没收当事人的非法所得。

第八章 附 则

第二十六条 国内植物检疫收费按照国家有关规定执行。

第二十七条 本实施细则所称"以上"、"以下",均包括本数在内。

本实施细则所称"疫情",是指全国植物检疫对象,各省、自治区、直辖市补充的植物检疫对象、国外新传入的和国内突发性的危险性病、虫、杂草,以及植物检疫对象和危险性病虫杂草的发生、分布情况。

第二十八条 植物检疫规章和规范性文件的制定,必须以国务院发布的《植物检疫条例》为准,任何与《植物检疫条例》相违背的规章和规范性文件,均属无效。

第二十九条 本实施细则由农业部负责解释。

第三十条 本实施细则自公布之日起施行。1983年10月20日农牧渔业部发布的《植物检疫条例实施细则(农业部分)》同时废止。

附录三 《农业植物疫情报告与发布管理办法》

中华人民共和国农业部令

2010年第4号

《农业植物疫情报告与发布管理办法》已经2010年1月4日农业部第1次常务会议审议通过,现予发布,自2010年3月1日起施行。

部长:韩长赋

二〇一〇年一月十八日

农业植物疫情报告与发布管理办法

第一章 总 则

第一条 为加强农业植物疫情管理,规范疫情报告与发布工作,根据《植物检疫条例》,制定本办法。

第二条 本办法所称农业植物疫情,是指全国农业植物检疫性有害生物、各省(自治区、直辖市)补充的农业植物检疫性有害生物、境外新传入或境内新发现的潜在的农业植物检疫性有害生物的发生情况。

第三条　农业部主管全国农业植物疫情报告与发布工作。

县级以上地方人民政府农业行政主管部门按照职责分工，主管本行政区域内的农业植物疫情报告与发布工作。

县级以上人民政府农业行政主管部门所属的植物检疫机构负责农业植物疫情报告与发布的具体工作。

第四条　农业植物疫情报告与发布，应当遵循依法、科学、及时的原则。

第二章　农业植物疫情报告

第五条　县级以上植物检疫机构负责监测、调查本行政区域内的农业植物疫情，并向社会公布农业植物疫情报告联系方式。

第六条　有下列情形之一的，市（地）、县级植物检疫机构应当在12小时内报告省级植物检疫机构，省级植物检疫机构经核实后，应当在12小时内报告农业部所属的植物检疫机构，农业部所属的植物检疫机构应当在12小时内报告农业部：

（一）在本行政区域内发现境外新传入或境内新发现的潜在的农业植物检疫性有害生物；

（二）全国农业植物检疫性有害生物在本行政区域内新发现或暴发流行；

（三）经确认已经扑灭的全国农业植物检疫性有害生物在本行政区域内再次发生。

前款有害生物发生对农业生产构成重大威胁的，农业部依据有关规定及时报告国务院。

第七条　省级植物检疫机构应当于每月5日前，向农业部所属的植物检疫机构汇总报告上一个月本行政区域内全国农业植物检疫性有害生物、境外新传入或境内新发现的潜在的农业植物检疫性有害生物的发生及处置情况，农业部所属的植物检疫机构应当于每月10日前将各省汇总情况报告农业部。

第八条　省级植物检疫机构应当于每年1月10日前，向农业部所属的植物检疫机构报告本行政区域内上一年度农业植物疫情的发生和处置情况，农业部所属的植物检疫机构应当于每年1月20日前将各省汇总情况报告农业部。

第九条　县级以上地方植物检疫机构依照本办法第六条、第七条、第八条的规定报告农业植物疫情时，应当同时报告本级人民政府农业行政主管部门。

对于境外新传入或境内新发现的潜在的农业植物检疫性有害生物疫情，疫情发生地的农业行政主管部门应当提请同级人民政府依法采取必要的处置措施。

第十条　境外新传入或境内新发现的潜在的农业植物检疫性有害生物疫情的报告内容，应当包括有害生物的名称、寄主、发现时间、地点、分布、危害、可能的传播途径以及应急处置措施。

其他农业植物疫情的报告内容，应当包括有害生物名称、疫情涉及的县级行政区、发生面积、危害程度以及疫情处置措施。

第十一条　农业植物疫情被扑灭的，由县级以上地方植物检疫机构按照农业植物疫情报告程序申请解除。

第三章　农业植物疫情通报与发布

第十二条　农业部及时向国务院有关部门和各省（自治区、直辖市）人民政府农业行政主管部门通报从境外新传入或境内新发现的潜在的农业植物检疫性有害生物疫情。

第十三条　全国农业植物检疫性有害生物及其首次发生和疫情解除情况，由农业部发布。

第十四条　下列农业植物疫情由省级人民政府农业行政主管部门发布，并报农业部备案：

（一）省（自治区、直辖市）补充的农业植物检疫性有害生物及其发生、疫情解除情况；

（二）农业部已发布的全国农业植物检疫性有害生物在本行政区域内的发生及处置情况。

第十五条　农业植物疫情发生地的市（地）、县级农业行政主管部门及其所属的植物检疫机构应当在农业部或省级人民政府农业行政主管部门发布疫情后，及时向社会通告相关疫情在本行政区域内发生的具体情况，指导有关单位和个人开展防控工作。

第十六条　农业部和省级人民政府农业行政主管部门以外的其他单位和个人不得以任何形式发布农业植物疫情。

第四章　附　　则

第十七条　违反本办法的，依据《植物检疫条例》和相关法律法规给予处罚。

第十八条　本办法自2010年3月1日起施行。

附录四 全国农业植物检疫性有害生物名单

昆虫

1. 菜豆象　*Acanthoscelides obtectus* (Say)

2. 蜜柑大实蝇　*Bactrocera tsuneonis* (Miyake)

3. 四纹豆象　*Callosobruchus maculates* (Fabricius)

4. 苹果蠹蛾　*Cydia pomonella* (Linnaeus)

5. 葡萄根瘤蚜　*Daktulosphaira vitifoliae* Fitch

6. 美国白蛾　*Hyphantria cunea* (Drury)

7. 马铃薯甲虫　*Leptinotarsa decemlineata* (Say)

8. 稻水象甲　*Lissorhoptrus oryzophilus* Kuschel

9. 扶桑绵粉蚧　*Phenacoccus solenopsis* Tinsley

10. 红火蚁　*Solenopsis invicta* Buren

线虫

11. 腐烂茎线虫　*Ditylenchus destructor* Thorne

12. 香蕉穿孔线虫　*Radopholus similes* (Cobb) Thorne

细菌

13. 瓜类果斑病菌　*Acidovorax avenae subsp. citrulli* (Schaad et al.) Willems et al.

14. 柑橘黄龙病菌　*Candidatus liberobacter asiaticum* Jagoueix

15. 番茄溃疡病菌 *Clavibacter michiganensis subsp. michiganensis* (Smith) Davis et al.

16. 十字花科黑斑病菌 *Pseudomonas syringae* pv. *maculicola* (McCulloch) Young et al.

17. 柑橘溃疡病菌 *Xanthomonas axonopodis* pv. *citri* (Hasse) Vauterin et al.

18. 水稻细菌性条斑病菌 *Xanthomonas oryzae* pv. *oryzicola* (Fang et al.) Swings et al.

真菌

19. 黄瓜黑星病菌 *Cladosporium cucumerinum* Ellis & Arthur

20. 香蕉镰刀菌枯萎病菌4号小种 *Fusarium oxysporum* f. sp. *cubense* (Smith) Snyder & Hansen Race 4

21. 玉蜀黍霜指霉菌 *Peronosclerospora maydis* (Racib.) C.G. Shaw

22. 大豆疫霉病菌 *Phytophthora sojae* Kaufmann & Gerdemann

23. 内生集壶菌 *Synchytrium endobioticum* (Schilb.) Percival

24. 苜蓿黄萎病菌 *Verticillium albo-atrum* Reinke & Berthold

病毒

25. 李属坏死环斑病毒　*Prunus necrotic ringspot ilarvirus*

26. 烟草环斑病毒　*Tobacco ringspot nepovirus*

27. 黄瓜绿斑驳花叶病毒　*Cucumber Green Mottle Mosaic Virus*

杂草

28. 毒麦　*Lolium temulentum* L.

29. 列当属　*Orobanche* spp.

30. 假高粱　*Sorghum halepense* (L.) Pers.

附录五　中华人民共和国进境植物检疫性有害生物名录

昆虫

1. 白带长角天牛　*Acanthocinus carinulatus* (Gebler)

2. 菜豆象　*Acanthoscelides obtectus* (Say)

3. 黑头长翅卷蛾　*Acleris variana* (Fernald)

4. 窄吉丁(非中国种)　*Agrilus spp.* (non-Chinese)

5. 螺旋粉虱　*Aleurodicus dispersus* Russell

6. 按实蝇属　*Anastrepha* Schiner

7. 墨西哥棉铃象　*Anthonomus grandis* Boheman

8. 苹果花象　*Anthonomus quadrigibbus* Say

9. 香蕉肾盾蚧　*Aonidiella comperei* McKenzie

10. 咖啡黑长蠹　*Apate monachus* Fabricius

11. 梨矮蚜　*Aphanostigma piri* (Cholodkovsky)

12. 辐射松幽天牛　*Arhopalus syriacus* Reitter

13. 果实蝇属　*Bactrocera* Macquart

14. 西瓜船象　*Baris granulipennis* (Tournier)

15. 白条天牛(非中国种)　*Batocera* spp. (non-Chinese)

16. 椰心叶甲　*Brontispa longissima* (Gestro)

17. 埃及豌豆象　*Bruchidius incarnates* (Boheman)

18. 苜蓿籽蜂　*Bruchophagus roddi* Gussak

19. 豆象(属)(非中国种)　*Bruchus* spp. (non-Chinese)

20. 荷兰石竹卷蛾　*Cacoecimorpha pronubana* (Hübner)

21. 瘤背豆象(四纹豆象和非中国种)　*Callosobruchus* spp. (*maculatus*(F.) and non-Chinese)

22. 欧非枣实蝇　*Carpomya incompleta* (Becker)

23. 枣实蝇　*Carpomya vesuviana* Costa

24. 松唐盾蚧　*Carulaspis juniperi* (Bouchè)

25. 阔鼻谷象　*Caulophilus oryzae* (Gyllenhal)

26. 小条实蝇属　*Ceratitis* Macleay

27. 无花果蜡蚧　*Ceroplastes rusci* (L.)

28. 松针盾蚧　*Chionaspis pinifoliae* (Fitch)

29. 云杉色卷蛾　*Choristoneura fumiferana* (Clemens)

30. 鳄梨象属　*Conotrachelus* Schoenherr

31. 高粱瘿蚊　*Contarinia* sorghicola (Coquillett)

32. 乳白蚁(非中国种)　*Coptotermes* spp. (non-Chinese)

33. 葡萄象　*Craponius inaequalis* (Say)

34. 异胫长小蠹(非中国种)　*Crossotarsus* spp. (non-Chinese)

35. 苹果异形小卷蛾　*Cryptophlebia leucotreta* (Meyrick)

36. 杨干象　*Cryptorrhynchus lapathi* L.

37. 麻头砂白蚁　*Cryptotermes brevis* (Walker)

38. 斜纹卷蛾　*Ctenopseustis obliquana* (Walker)

39. 欧洲栗象　*Curculio elephas* (Gyllenhal)

40. 山楂小卷蛾　*Cydia janthinana* (Duponchel)

41. 樱小卷蛾　*Cydia packardi* (Zeller)

42. 苹果蠹蛾　*Cydia pomonella* (L.)

43. 杏小卷蛾　*Cydia prunivora* (Walsh)

44. 梨小卷蛾　*Cydia pyrivora* (Danilevskii)

45. 寡鬃实蝇（非中国种）　*Dacus* spp. (non-Chinese)

46. 苹果瘿蚊　*Dasineura mali* (Kieffer)

47. 大小蠹（红脂大小蠹和非中国种）　*Dendroctonus* spp. (*valens* LeConte and non-Chinese)

48. 石榴小灰蝶　*Deudorix isocrates* Fabricius

49. 根萤叶甲属　*Diabrotica* Chevrolat

50. 黄瓜绢野螟　*Diaphania nitidalis* (Stoll)

51. 蔗根象　*Diaprepes abbreviata* (L.)

52. 小蔗螟　*Diatraea saccharalis* (Fabricius)

53. 混点毛小蠹　*Dryocoetes confusus* Swaine

54. 香蕉灰粉蚧　*Dysmicoccus grassi* Leonari

55. 新菠萝灰粉蚧　*Dysmicoccus neobrevipes* Beardsley

56. 石榴螟　*Ectomyelois ceratoniae* (Zeller)

57. 桃白圆盾蚧　*Epidiaspis leperii* (Signoret)

58. 苹果棉蚜　*Eriosoma lanigerum*（Hausmann）

59. 枣大球蚧　*Eulecanium gigantea* (Shinji)

60. 扁桃仁蜂　*Eurytoma amygdali* Enderlein

61. 李仁蜂　*Eurytoma schreineri* Schreiner

62. 桉象　*Gonipterus scutellatus* Gyllenhal

63. 谷实夜蛾 *Helicoverpa zea* (Boddie)

64. 合毒蛾 *Hemerocampa leucostigma* (Smith)

65. 松突圆蚧 *Hemiberlesia pitysophila* Takagi

66. 双钩异翅长蠹 *Heterobostrychus aequalis* (Waterhouse)

67. 李叶蜂 *Hoplocampa flava* (L.)

68. 苹叶蜂 *Hoplocampa testudinea* (Klug)

69. 刺角沟额天牛 *Hoplocerambyx spinicornis* (Newman)

70. 苍白树皮象 *Hylobius pales* (Herbst)

71. 家天牛 *Hylotrupes bajulus* (L.)

72. 美洲榆小蠹 *Hylurgopinus rufipes* (Eichhoff)

73. 长林小蠹 *Hylurgus ligniperda Fabricius*

74. 美国白蛾 *Hyphantria cunea* (Drury)

75. 咖啡果小蠹 *Hypothenemus hampei* (Ferrari)

76. 小楹白蚁 *Incisitermes minor* (Hagen)

77. 齿小蠹(非中国种) *Ips* spp. (non-Chinese)

78. 黑丝盾蚧 *Ischnaspis longirostris* (Signoret)

79. 芒果蛎蚧 *Lepidosaphes tapleyi Williams*

80. 东京蛎蚧 *Lepidosaphes tokionis* (Kuwana)

81. 榆蛎蚧 *Lepidosaphes ulmi* (L.)

82. 马铃薯甲虫 *Leptinotarsa decemlineata* (Say)

83. 咖啡潜叶蛾 *Leucoptera coffeella* (Guérin-Méneville)

84. 三叶斑潜蝇 *Liriomyza trifolii* (Burgess)

85. 稻水象甲 *Lissorhoptrus oryzophilus Kuschel*

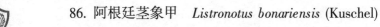

86. 阿根廷茎象甲　*Listronotus bonariensis* (Kuschel)

87. 葡萄花翅小卷蛾　*Lobesia botrana* (Denis et Schiffer-muller)

88. 黑森瘿蚊　*Mayetiola destructor* (Say)

89. 霍氏长盾蚧　*Mercetaspis halli* (Green)

90. 橘实锤腹实蝇　*Monacrostichus citricola* Bezzi

91. 墨天牛(非中国种)　*Monochamus* spp. (non-Chinese)

92. 甜瓜迷实蝇　*Myiopardalis pardalina* (Bigot)

93. 白缘象甲　*Naupactus leucoloma* (Boheman)

94. 黑腹尼虎天牛　*Neoclytus acuminatus* (Fabricius)

95. 蔗扁蛾　*Opogona sacchari* (Bojer)

96. 玫瑰短喙象　*Pantomorus cervinus* (Boheman)

97. 灰白片盾蚧　*Parlatoria crypta* Mckenzie

98. 谷拟叩甲　*Pharaxonotha kirschi* Reither

99. 木薯绵粉蚧　*Phenacoccus manihoti* Matile-Ferrero

100. 扶桑绵粉蚧　*Phenacoccus solenopsis* Tinsley

101. 美柏肤小蠹　*Phloeosinus cupressi* Hopkins

102. 桉天牛　*Phoracantha semipunctata* (Fabricius)

103. 木蠹象属　*Pissodes* Germar

104. 南洋臀纹粉蚧　*Planococcus lilacius* Cockerell

105. 大洋臀纹粉蚧　*Planococcus minor* (Maskell)

106. 长小蠹(属)(非中国种)　*Platypus* spp. (non-Chinese)

107. 日本金龟子　*Popillia japonica* Newman

108. 橘花巢蛾　*Prays citri* Milliere

109. 椰子缢胸叶甲　*Promecotheca cumingi* Baly

110. 大谷蠹　*Prostephanus truncatus* (Horn)

111. 澳洲蛛甲　*Ptinus tectus* Boieldieu

112. 刺桐姬小蜂　*Quadrastichus erythrinae* Kim

113. 欧洲散白蚁　*Reticulitermes lucifugus* (Rossi)

114. 褐纹甘蔗象　*Rhabdoscelus lineaticollis* (Heller)

115. 几内亚甘蔗象　*Rhabdoscelus obscurus* (Boisduval)

116. 绕实蝇(非中国种)　*Rhagoletis* spp. (non-Chinese)

117. 苹虎象　*Rhynchites aequatus* (L.)

118. 欧洲苹虎象　*Rhynchites bacchus* L.

119. 李虎象　*Rhynchites cupreus* L.

120. 日本苹虎象　*Rhynchites heros* Roelofs

121. 红棕象甲　*Rhynchophorus ferrugineus* (Olivier)

122. 棕榈象甲　*Rhynchophorus palmarum* (L.)

123. 紫棕象甲　*Rhynchophorus phoenicis* (Fabricius)

124. 亚棕象甲　*Rhynchophorus vulneratus* (Panzer)

125. 可可盲蝽象　*Sahlbergella singularis* Haglund

126. 楔天牛(非中国种)　*Saperda* spp. (non-Chinese)

127. 欧洲榆小蠹　*Scolytus multistriatus* (Marsham)

128. 欧洲大榆小蠹　*Scolytus scolytus* (Fabricius)

129. 剑麻象甲　*Scyphophorus acupunctatus* Gyllenhal

130. 刺盾蚧　*Selenaspidus articulatus* Morgan

131. 双棘长蠹（非中国种） *Sinoxylon* spp. (non-Chinese)

132. 云杉树蜂 *Sirex noctilio* Fabricius

133. 红火蚁 *Solenopsis invicta* Buren

134. 海灰翅夜蛾 *Spodoptera littoralis*（Boisduval）

135. 猕猴桃举肢蛾 *Stathmopoda skelloni* Butler

136. 芒果象属 *Sternochetus* Pierce

137. 梨蓟马 *Taeniothrips inconsequens* (Uzel)

138. 断眼天牛（非中国种） *Tetropium* spp. (non-Chinese)

139. 松异带蛾 *Thaumetopoea pityocampa* (Denis et Schif-fermuller)

140. 番木瓜长尾实蝇 *Toxotrypana curvicauda* Gerstaecker

141. 褐拟谷盗 *Tribolium destructor* Uyttenboogaart

142. 斑皮蠹（非中国种） *Trogoderma* spp. (non-Chinese)

143. 暗天牛属 *Vesperus* Latreile

144. 七角星蜡蚧 *Vinsonia stellifera* (Westwood)

145. 葡萄根瘤蚜 *Viteus vitifoliae* (Fitch)

146. 材小蠹（非中国种） *Xyleborus* spp. (non-Chinese)

147. 青杨脊虎天牛 *Xylotrechus rusticus* L.

148. 巴西豆象 *Zabrotes subfasciatus* (Boheman)

软体动物

149. 非洲大蜗牛 *Achatina fulica* Bowdich

150. 琉球球壳蜗牛 *Acusta despecta* Gray

151. 花园葱蜗牛　*Cepaea hortensis* Müller

152. 散大蜗牛　*Helix aspersa* Müller

153. 盖罩大蜗牛　*Helix pomatia* Linnaeus

154. 比萨茶蜗牛　*Theba pisana* Müller

真菌

155. 向日葵白锈病菌　*Albugo tragopogi* (Persoon) Schröter var. *helianthi* Novotel-nova

156. 小麦叶疫病菌　*Alternaria triticina* Prasada et Prabhu

157. 榛子东部枯萎病菌　*Anisogramma anomala*（Peck）E. Muller

158. 李黑节病菌　*Apiosporina morbosa* (Schweinitz) von Arx

159. 松生枝干溃疡病菌　*Atropellis pinicola* Zaller et Goodding

160. 嗜松枝干溃疡病菌　*Atropellis piniphila* (Weir) Lohman et Cash

161. 落叶松枯梢病菌　*Botryosphaeria laricina* (K.Sawada) Y. Zhong

162. 苹果壳色单隔孢溃疡病菌　*Botryosphaeria stevensii* Shoemaker

163. 麦类条斑病菌　*Cephalosporium gramineum* Nisikado et Ikata

164. 玉米晚枯病菌　*Cephalosporium maydis* Samra, Sabet et

Hingorani

165. 甘蔗凋萎病菌　*Cephalosporium sacchari* E.J. Butler et Hafiz Khan

166. 栎枯萎病菌　*Ceratocystis fagacearum* (Bretz) Hunt

167. 云杉帚锈病菌　*Chrysomyxa arctostaphyli* Dietel

168. 山茶花腐病菌　*Ciborinia camelliae* Kohn

169. 黄瓜黑星病菌　*Cladosporium cucumerinum* Ellis et Arthur

170. 咖啡浆果炭疽病菌　*Colletotrichum kahawae* J.M. Waller et Bridge

171. 可可丛枝病菌　*Crinipellis perniciosa* (Stahel) Singer

172. 油松疱锈病菌　*Cronartium coleosporioides* J.C.Arthur

173. 北美松疱锈病菌　*Cronartium comandrae* Peck

174. 松球果锈病菌　*Cronartium conigenum* Hedgcock et Hunt

175. 松纺锤瘤锈病菌　*Cronartium fusiforme* Hedgcock et Hunt ex Cummins

176. 松疱锈病菌　*Cronartium ribicola* J.C.Fisch.

177. 桉树溃疡病菌　*Cryphonectria cubensis* (Bruner) Hodges

178. 花生黑腐病菌　*Cylindrocladium parasiticum* Crous, Wingfield et Alfenas

179. 向日葵茎溃疡病菌　*Diaporthe helianthi* Muntanola - Cvetkovic Mihaljcevic et Petrov

180. 苹果果腐病菌　*Diaporthe perniciosa* É.J. Marchal

181. 大豆北方茎溃疡病菌　*Diaporthe phaseolorum* (Cooke et Ell.) Sacc. var. caulivora Athow et Caldwell

182. 大豆南方茎溃疡病菌　*Diaporthe phaseolorum* (Cooke et Ell.) Sacc. var. meridionalis F.A. Fernandez

183. 蓝莓果腐病菌　*Diaporthe vaccinii* Shear

184. 菊花花枯病菌　*Didymella ligulicola* (K.F.Baker, Dimock et L.H.Davis) von Arx

185. 番茄亚隔孢壳茎腐病菌　*Didymella lycopersici* Klebahn

186. 松瘤锈病菌　*Endocronartium harknessii* (J.P.Moore) Y. Hiratsuka

187. 葡萄藤猝倒病菌　*Eutypa lata* (Pers.) Tul. et C. Tul.

188. 松树脂溃疡病菌　*Fusarium circinatum* Nirenberg et O′Donnell

189. 芹菜枯萎病菌　*Fusarium oxysporum* Schlecht. f.sp. apii Snyd. et Hans

190. 芦笋枯萎病菌　*Fusarium oxysporum* Schlecht. f.sp. *asparagi* Cohen et Heald

191. 香蕉枯萎病菌(4号小种和非中国小种)　*Fusarium oxysporum* Schlecht. f.sp. *cubense* (E. F. Sm.) Snyd.et Hans (Race 4 non-Chinese races)

192. 油棕枯萎病菌　*Fusarium oxysporum* Schlecht. f.sp. *elaeidis* Toovey

193. 草莓枯萎病菌　*Fusarium oxysporum* Schlecht. f.sp.

fragariae Winks et Williams

194. 南美大豆猝死综合征病菌 *Fusarium tucumaniae* T. Aoki, O'Donnell, Yos.Homma et Lattanzi

195. 北美大豆猝死综合征病菌 *Fusarium virguliforme* O'Donnell et T.Aoki

196. 燕麦全蚀病菌 *Gaeumannomyces graminis* (Sacc.) Arx et D.Olivier var. *avenae* (E.M. Turner) Dennis

197. 葡萄苦腐病菌 *Greeneria uvicola* (Berk. et M.A.Curtis) Punithalingam

198. 冷杉枯梢病菌 *Gremmeniella abietina* (Lagerberg) Morelet

199. 榅桲锈病菌 *Gymnosporangium clavipes* (Cooke et Peck) Cooke et Peck

200. 欧洲梨锈病菌 *Gymnosporangium fuscum* R. Hedw.

201. 美洲山楂锈病菌 *Gymnosporangium globosum* (Farlow) Farlow

202. 美洲苹果锈病菌 *Gymnosporangium juniperi-virginianae* Schwein

203. 马铃薯银屑病菌 *Helminthosporium solani* Durieu et Mont.

204. 杨树炭团溃疡病菌 *Hypoxylon mammatum* (Wahlenberg) J. Miller

205. 松干基褐腐病菌 *Inonotus weirii* (Murrill) Kotlaba et

Pouzar

206. 胡萝卜褐腐病菌　*Leptosphaeria libanotis* (Fuckel) Sacc.

207. 向日葵黑茎病　*Leptosphaeria lindquistii* Frezzi

208. 十字花科蔬菜黑胫病菌　*Leptosphaeria maculans* (Desm.) Ces. et De Not.

209. 苹果溃疡病菌　*Leucostoma cincta* (Fr.:Fr.) Hohn.

210. 铁杉叶锈病菌　*Melampsora farlowii* (J.C.Arthur) J.J. Davis

211. 杨树叶锈病菌　*Melampsora medusae* Thumen

212. 橡胶南美叶疫病菌　*Microcyclus ulei* (P.Henn.) von Arx

213. 美澳型核果褐腐病菌　*Monilinia fructicola* (Winter) Honey

214. 可可链疫孢荚腐病菌　*Moniliophthora roreri* (Ciferri et Parodi) Evans

215. 甜瓜黑点根腐病菌　*Monosporascus cannonballus* Pollack et Uecker

216. 咖啡美洲叶斑病菌　*Mycena citricolor* (Berk. et Curt.) Sacc.

217. 香菜腐烂病菌　*Mycocentrospora acerina* (Hartig) Deighton

218. 松针褐斑病菌　*Mycosphaerella dearnessii* M.E.Barr

219. 香蕉黑条叶斑病菌　*Mycosphaerella fijiensis* Morelet

220. 松针褐枯病菌　*Mycosphaerella gibsonii* H.C.Evans

221. 亚麻褐斑病菌　*Mycosphaerella linicola* Naumov

222. 香蕉黄条叶斑病菌　*Mycosphaerella musicola* J.L.Mulder

223. 松针红斑病菌　*Mycosphaerella pini* E.Rostrup

224. 可可花瘿病菌　*Nectria rigidiuscula* Berk.et Broome

225. 新榆枯萎病菌　*Ophiostoma novo-ulmi* Brasier

226. 榆枯萎病菌　*Ophiostoma ulmi* (Buisman) Nannf.

227. 针叶松黑根病菌　*Ophiostoma wageneri* (Goheen et Cobb) Harrington

228. 杜鹃花枯萎病菌　*Ovulinia azaleae* Weiss

229. 高粱根腐病菌　*Periconia circinata*（M.Mangin）Sacc.

230. 玉米霜霉病菌(非中国种)　*Peronosclerospora* spp. (non - Chinese)

231. 甜菜霜霉病菌　*Peronospora farinosa* (Fries：Fries) Fries f.sp. *betae* Byford

232. 烟草霜霉病菌　*Peronospora hyoscyami* de Bary f. sp. *tabacina* (Adam) Skalicky

233. 苹果树炭疽病菌　*Pezicula malicorticis* (Jacks.) Nannfeld

234. 柑橘斑点病菌　*Phaeoramularia angolensis* (T.Carvalho et O.Mendes)P.M.Kirk

235. 木层孔褐根腐病菌　*Phellinus noxius* (Corner) G.H.Cunn.

236. 大豆茎褐腐病菌　*Phialophora gregata* (Allington et

Chamberlain) W.Gams

237. 苹果边腐病菌　*Phialophora malorum* (Kidd et Beaum.) McColloch

238. 马铃薯坏疽病菌　*Phoma exigua Desmazières* f.sp. *foveata* (Foister) Boerema

239. 葡萄茎枯病菌　*Phoma glomerata* (Corda) Wollenweber et Hochapfel

240. 豌豆脚腐病菌　*Phoma pinodella* (L.K. Jones) Morgan-Jones et K.B. Burch

241. 柠檬干枯病菌　*Phoma tracheiphila* (Petri) L.A. Kantsch. et Gikaschvili

242. 黄瓜黑色根腐病菌　*Phomopsis sclerotioides* van Kesteren

243. 棉根腐病菌　*Phymatotrichopsis omnivora* (Duggar) Hennebert

244. 栗疫霉黑水病菌　*Phytophthora cambivora* (Petri) Buisman

245. 马铃薯疫霉绯腐病菌　*Phytophthora erythroseptica* Pethybridge

246. 草莓疫霉红心病菌　*Phytophthora fragariae* Hickman

247. 树莓疫霉根腐病菌　*Phytophthora fragariae* Hickman var. *rubi* W.F.Wilcox et J.M.Duncan

248. 柑橘冬生疫霉褐腐病菌　*Phytophthora hibernalis*

Carne

249. 雪松疫霉根腐病菌*Phytophthora lateralis* Tucker et Milbrath

250. 苜蓿疫霉根腐病菌 *Phytophthora medicaginis* E.M. Hans. et D.P. Maxwell

251. 菜豆疫霉病菌 *Phytophthora phaseoli* Thaxter

252. 栎树猝死病菌 *Phytophthora ramorum* Werres, De Cock et Man in't Veld

253. 大豆疫霉病菌 *Phytophthora sojae* Kaufmann et Gerdemann

254. 丁香疫霉病菌 *Phytophthora syringae* (Klebahn) Klebahn

255. 马铃薯皮斑病菌 *Polyscytalum pustulans* (M.N. Owen et Wakef.) M.B.Ellis

256. 香菜茎瘿病菌 *Protomyces macrosporus* Unger

257. 小麦基腐病菌 *Pseudocercosporella herpotrichoides* (Fron) Deighton

258. 葡萄角斑叶焦病菌 *Pseudopezicula tracheiphila* (Müller-Thurgau) Korf et Zhuang

259. 天竺葵锈病菌 *Puccinia pelargonii-zonalis* Doidge

260. 杜鹃芽枯病菌 *Pycnostysanus azaleae* (Peck) Mason

261. 洋葱粉色根腐病菌 *Pyrenochaeta terrestris* (Hansen) Gorenz, Walker et Larson

262. 油棕猝倒病菌 *Pythium splendens* Braun

263. 甜菜叶斑病菌 *Ramularia beticola* Fautr. et Lambotte

264. 草莓花枯病菌 *Rhizoctonia fragariae* Husain et W.E. McKeen

265. 橡胶白根病菌 *Rigidoporus lignosus* (Klotzsch) Imaz.

266. 玉米褐条霜霉病菌 *Sclerophthora rayssiae* Kenneth, Kaltin et Wahl var. *zeae* Payak et Renfro

267. 欧芹壳针孢叶斑病菌 *Septoria petroselini* (Lib.) Desm.

268. 苹果球壳孢腐烂病菌 *Sphaeropsis pyriputrescens* Xiao et J. D. Rogers

269. 柑橘枝瘤病菌 *Sphaeropsis tumefaciens* Hedges

270. 麦类壳多胞斑点病菌 *Stagonospora avenae* Bissett f. sp. *triticea* T. Johnson

271. 甘蔗壳多胞叶枯病菌 *Stagonospora sacchari* Lo et Ling

272. 马铃薯癌肿病菌 *Synchytrium endobioticum* (Schilberszky) Percival

273. 马铃薯黑粉病菌 *Thecaphora solani* (Thirumalachar et M.J.O'Brien) Mordue

274. 小麦矮腥黑穗病菌 *Tilletia controversa* Kühn

275. 小麦印度腥黑穗病菌 *Tilletia indica* Mitra

276. 葱类黑粉病菌 *Urocystis cepulae* Frost

277. 唐菖蒲横点锈病菌 *Uromyces transversalis* (Thümen) Winter

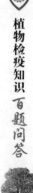

278. 苹果黑星病菌　*Venturia inaequalis* (Cooke) Winter

279. 苜蓿黄萎病菌　*Verticillium albo-atrum* Reinke et Berthold

280. 棉花黄萎病菌　*Verticillium dahliae* Kleb.

原核生物

281. 兰花褐斑病菌　*Acidovorax avenae* subsp. *cattleyae* (Pavarino) Willems et al.

282. 瓜类果斑病菌　*Acidovorax avenae* subsp. *citrulli*(Schaad et al.) Willems et al.

283. 魔芋细菌性叶斑病菌　*Acidovorax konjaci* (Goto) Willems et al.

284. 桤树黄化植原体　*Alder yellows* phytoplasma

285. 苹果丛生植原体　Apple proliferation phytoplasma

286. 杏褪绿卷叶植原体　Apricot chlorotic leafroll phtoplasma

287. 白蜡树黄化植原体　Ash yellows phytoplasma

288. 蓝莓矮化植原体　Blueberry stunt phytoplasma

289. 香石竹细菌性萎蔫病菌　*Burkholderia caryophylli* (Burkholder) Yabuuchi et al.

290. 洋葱腐烂病菌　*Burkholderia gladioli* pv. *Dalliicola* (Burkholder) Urakami et al.

291. 水稻细菌性谷枯病菌　*Burkholderia glumae* (Kurita et Tabei) Urakami et al.

292. 非洲柑橘黄龙病菌　*Candidatus Liberobacter africanum* Jagoueix et al.

293. 亚洲柑橘黄龙病菌　*Candidatus Liberobacter asiaticum* Jagoueix et al.

294. 澳大利亚植原体候选种　*Candidatus* Phytoplasma australiense

295. 苜蓿细菌性萎蔫病菌　*Clavibacter michiganensis subsp. insidiosus* (McCulloch) Davis et al.

296. 番茄溃疡病菌　*Clavibacter michiganensis* subsp. *michiganensis* (Smith) Davis et al.

297. 玉米内州萎蔫病菌　*Clavibacter michiganensis* subsp. *nebraskensis* (Vidaver et al.) Davis et al.

298. 马铃薯环腐病菌*Clavibacter michiganensis* subsp. *sepedonicus* (Spieckermann et al.) Davis et al.

299. 椰子致死黄化植原体　Coconut lethal yellowing phytoplasma

300. 菜豆细菌性萎蔫病菌　*Curtobacterium flaccumfaciens* pv. *flaccumfaciens* (Hedges) Collins et Jones

301. 郁金香黄色疱斑病菌　*Curtobacterium flaccumfaciens* pv. *oortii* (Saaltink et al.) Collins et Jones

302. 榆韧皮部坏死植原体　Elm phloem necrosis phytoplasma

303. 杨树枯萎病菌　*Enterobacter cancerogenus* (Urosevi)

Dickey et Zumoff

304. 梨火疫病菌　*Erwinia amylovora*（Burrill）Winslow et al.

305. 菊基腐病菌　*Erwinia chrysanthemi* Burkhodler et al.

306. 亚洲梨火疫病菌　*Erwinia pyrifoliae* Kim, Gardan, Rhim et Geider

307. 葡萄金黄化植原体　Grapevine flavescence dorée phytoplasma

308. 来檬丛枝植原体　Lime witches' broom phytoplasma

309. 玉米细菌性枯萎病菌　*Pantoea stewartii* subsp. *stewartii*（Smith）Mergaert et al.

310. 桃X病植原体　Peach X-disease phytoplasma

311. 梨衰退植原体　Pear decline phytoplasma

312. 马铃薯丛枝植原体　Potato witches' broom phytoplasma

313. 菜豆晕疫病菌　*Pseudomonas savastanoi* pv. *phaseolicola*（Burkholder）Gardan et al.

314. 核果树溃疡病菌　*Pseudomonas syringae* pv. *morsprunorum*（Wormald）Young et al.

315. 桃树溃疡病菌*Pseudomonas syringae* pv. *persicae*（Prunier et al.）Young et al.

316. 豌豆细菌性疫病菌　*Pseudomonas syringae* pv. *pisi*（Sackett）Young et al.

317. 十字花科黑斑病菌　*Pseudomonas syringae* pv. *maculicola* (McCulloch) Young et al.

318. 番茄细菌性叶斑病菌　*Pseudomonas syringae* pv. *tomato* (Okabe) Young et al.

319. 香蕉细菌性枯萎病菌（2号小种）　*Ralstonia solanacearum* (Smith) Yabuuchi et al.(race 2)

320. 鸭茅蜜穗病菌　*Rathayibacter rathayi* (Smith) Zgurskaya et al.

321. 柑橘顽固病螺原体　*Spiroplasma citri* Saglio et al.

322. 草莓簇生植原体　Strawberry multiplier phytoplasma

323. 甘蔗白色条纹病菌　*Xanthomonas albilineans* (Ashby) Dowson

324. 香蕉坏死条纹病菌　*Xanthomonas arboricola* pv. *celebensis* (Gaumann) Vauterin et al.

325. 胡椒叶斑病菌　*Xanthomonas axonopodis* pv. *betlicola* (Patel et al.) Vauterin et al.

326. 柑橘溃疡病菌　*Xanthomonas axonopodis* pv. *citri* (Hasse) Vauterin et al.

327. 木薯细菌性萎蔫病菌　*Xanthomonas axonopodis* pv. *manihotis* (Bondar) Vauterin et al.

328. 甘蔗流胶病菌　*Xanthomonas axonopodis* pv. *vasculorum* (Cobb) Vauterin et al.

329. 芒果黑斑病菌　*Xanthomonas campestris* pv. *mangifer-*

aeindicae (Patel et al.) Robbs et al.

330. 香蕉细菌性萎蔫病菌　*Xanthomonas campestris* pv. *musacearum* (Yirgou et Bradbury) Dye

331. 木薯细菌性叶斑病菌　*Xanthomonas cassavae* (ex Wiehe et Dowson) Vauterin et al.

332. 草莓角斑病菌　*Xanthomonas fragariae* Kennedy et King

333. 风信子黄腐病菌　*Xanthomonas hyacinthi* (Wakker) Vauterin et al.

334. 水稻白叶枯病菌　*Xanthomonas oryzae* pv. *oryzae* (Ishiyama) Swings et al.

335. 水稻细菌性条斑病菌　*Xanthomonas oryzae* pv. *oryzicola* (Fang et al.) Swings et al.

336. 杨树细菌性溃疡病菌　*Xanthomonas populi* (ex Ride) Ride et Ride

337. 木质部难养细菌　*Xylella fastidiosa* Wells et al.

338. 葡萄细菌性疫病菌　*Xylophilus ampelinus* (Panagopoulos) Willems et al.

线虫

339. 剪股颖粒线虫　*Anguina agrostis* (Steinbuch) Filipjev

340. 草莓滑刃线虫　*Aphelenchoides fragariae* (Ritzema Bos) Christie

341. 菊花滑刃线虫　*Aphelenchoides ritzemabosi* (Schwartz)

Steiner et Bührer

342. 椰子红环腐线虫 *Bursaphelenchus cocophilus* (Cobb)
Baujard

343. 松材线虫 *Bursaphelenchus xylophilus* (Steiner et Bü-
hrer) Nickle

344. 水稻茎线虫 *Ditylenchus angustus* (Butler) Filipjev

345. 腐烂茎线虫 *Ditylenchus destructor* Thorne

346. 鳞球茎线虫 *Ditylenchus dipsaci* (Kühn) Filipjev

347. 马铃薯白线虫 *Globodera pallida* (Stone) Behrens

348. 马铃薯金线虫 *Globodera rostochiensis* (Wollenweber)
Behrens

349. 甜菜胞囊线虫 *Heterodera schachtii* Schmidt

350. 长针线虫属(传毒种类) *Longidorus* (Filipjev) Mico-
letzky (The species transmit viruses)

351. 根结线虫属(非中国种) *Meloidogyne* Goeldi (non -
Chinese species)

352. 异常珍珠线虫 *Nacobbus abberans* (Thorne) Thorne
et Allen

353. 最大拟长针线虫 *Paralongidorus maximus* (Bütschli)
Siddiqi

354. 拟毛刺线虫属(传毒种类) *Paratrichodorus* Siddiqi
(The species transmit viruses)

355. 短体线虫 (非中国种) *Pratylenchus* Filipjev (non-Chi-

nese species)

356. 香蕉穿孔线虫　*Radopholus similis* (Cobb) Thorne

357. 毛刺线虫属（传毒种类）　*Trichodorus* Cobb（The species transmit viruses）

358. 剑线虫属（传毒种类）　*Xiphinema* Cobb（The species transmit viruses）

病毒及类病毒

359. 非洲木薯花叶病毒（类）　*African cassava mosaic virus*, ACMV

360. 苹果茎沟病毒　*pple stem grooving virus*, ASGV

361. 南芥菜花叶病毒　*Arabis mosaic virus*, ArMV

362. 香蕉苞片花叶病毒　*Banana bract mosaic virus*, BBr-MV

363. 菜豆荚斑驳病毒　*Bean pod mottle virus*, BPMV

364. 蚕豆染色病毒　*Broad bean stain virus*, BBSV

365. 可可肿枝病毒　*Cacao swollen shoot virus*, CSSV

366. 香石竹环斑病毒　*Carnation ringspot virus*, CRSV

367. 棉花皱叶病毒　*Cotton leaf crumple virus*, CLCrV

368. 棉花曲叶病毒　*Cotton leaf curl virus*, CLCuV

369. 豇豆重花叶病毒　*Cowpea severe mosaic virus*, CPSMV

370. 黄瓜绿斑驳花叶病毒　*Cucumber green mottle mosaic virus*, CGMMV

371. 玉米褪绿矮缩病毒　*Maize chlorotic dwarf virus, MCDV*

372. 玉米褪绿斑驳病毒　*Maize chlorotic mottle virus, MCMV*

373. 燕麦花叶病毒　*Oat mosaic virus, OMV*

374. 桃丛簇花叶病毒　*Peach rosette mosaic virus, PRMV*

375. 花生矮化病毒　*Peanut stunt virus, PSV*

376. 李痘病毒　*Plum pox virus, PPV*

377. 马铃薯帚顶病毒　*Potato mop-top virus, PMTV*

378. 马铃薯A病毒　*Potato virus A, PVA*

379. 马铃薯V病毒　*Potato virus V, PVV*

380. 马铃薯黄矮病毒　*Potato yellow dwarf virus, PYDV*

381. 李属坏死环斑病毒　*Prunus necrotic ringspot virus, PNRSV*

382. 南方菜豆花叶病毒　*Southern bean mosaic virus, SBMV*

383. 藜草花叶病毒　*Sowbane mosaic virus, SoMV*

384. 草莓潜隐环斑病毒　*Strawberry latent ringspot virus, SLRSV*

385. 甘蔗线条病毒　*Sugarcane streak virus, SSV*

386. 烟草环斑病毒　*Tobacco ringspot virus, TRSV*

387. 番茄黑环病毒　*Tomato black ring virus, TBRV*

388. 番茄环斑病毒　*Tomato ringspot virus, ToRSV*

389. 番茄斑萎病毒　*Tomato spotted wilt virus, TSWV*

390. 小麦线条花叶病毒　*Wheat streak mosaic virus, WSMV*

391. 苹果皱果类病毒　*Apple fruit crinkle viroid, AFCVd*

392. 鳄梨日斑类病毒　*Avocado sunblotch viroid*, ASBVd

393. 椰子死亡类病毒　*Coconut cadang-cadang viroid*, CC–CVd

394. 椰子败生类病毒　*Coconut tinangaja viroid*, CTiVd

395. 啤酒花潜隐类病毒　*Hop latent viroid*, HLVd

396. 梨疱症溃疡类病毒　*Pear blister canker viroid*, PBCVd

397. 马铃薯纺锤块茎类病毒　*Potato spindle tuber viroid*, PSTVd

杂草

398. 具节山羊草　*Aegilops cylindrica* Horst

399. 节节麦　*Aegilops squarrosa* L.

400. 豚草（属）　*Ambrosia* spp.

401. 大阿米芹　*Ammi majus* L.

402. 细茎野燕麦　*Avena barbata* Brot.

403. 法国野燕麦　*Avena ludoviciana* Durien

404. 不实野燕麦　*Avena sterilis* L.

405. 硬雀麦　*Bromus rigidus* Roth

406. 疣果匙荠　*Bunias orientalis* L.

407. 宽叶高加利　*Caucalis latifolia* L.

408. 蒺藜草（属）（非中国种）　*Cenchrus* spp. (non-Chinese species)

409. 铺散矢车菊　*Centaurea diffusa* Lamarck

410. 匍匐矢车菊 *Centaurea repens* L.

411. 美丽猪屎豆 *Crotalaria spectabilis* Roth

412. 菟丝子（属） *Cuscuta* spp.

413. 南方三棘果 *Emex australis* Steinh.

414. 刺亦模 *Emex spinosa* (L.) Campd.

415. 紫茎泽兰 *Eupatorium adenophorum* Spreng.

416. 飞机草 *Eupatorium odoratum* L.

417. 齿裂大戟 *Euphorbia dentata* Michx.

418. 黄顶菊 *Flaveria bidentis* (L.) Kuntze

419. 提琴叶牵牛花 *Ipomoea pandurata* (L.) G.F.W.Mey.

420. 小花假苍耳 *Iva axillaris* Pursh

421. 假苍耳 *Iva xanthifolia* Nutt.

422. 欧洲山萝卜 *Knautia arvensis* (L.) Coulter

423. 野莴苣 *Lactuca pulchella* (Pursh) DC.

424. 毒莴苣 *Lactuca serriola* L.

425. 毒麦 *Lolium temulentum* L.

426. 薇甘菊 *Mikania micrantha* Kunth

427. 列当（属） *Orobanche* spp.

428. 宽叶酢浆草 *Oxalis latifolia* Kubth

429. 臭千里光 *Senecio jacobaea* L.

430. 北美刺龙葵 *Solanum carolinense* L.

431. 银毛龙葵 *Solanum elaeagnifolium* Cay.

432. 刺萼龙葵 *Solanum rostratum* Dunal.

433. 刺茄　*Solanum torvum* Swartz

434. 黑高粱　*Sorghum almum* Parodi.

435. 假高粱（及其杂交种）　*Sorghum halepense* (L.) Pers. (Johnsongrass and its cross breeds)

436. 独脚金（属）（非中国种）　*Striga* spp. (non-Chinese species)

437. 异株苋亚属　*Subgen Acnida* L.

438. 翅蒺藜　*Tribulus alatus* Delile

439. 苍耳（属）（非中国种）　*Xanthium* spp. (non-Chinese species)

备注1：非中国种是指中国未有发生的种；

备注2：非中国小种是指中国未有发生的小种；

备注3：传毒种类是指可以作为植物病毒传播介体的线虫种类。